中国高等艺术院校
精品教材大系·服装系列

中外服装史

华梅　刘一品　著

人民美术出版社
北京

图书在版编目（CIP）数据

中外服装史 / 华梅著；刘一品著. -- 北京：人民
美术出版社，2025.1. -- （中国高等艺术院校精品教材
大系）. -- ISBN 978-7-102-09458-8
Ⅰ. TS941.74
中国国家版本馆 CIP 数据核字第 2024G9T978 号

中国高等艺术院校精品教材大系·服装系列
ZHONGGUO GAODENG YISHU YUANXIAO JINGPIN JIAOCAI DA XI · FUZHUANG XILIE

中外服装史
ZHONG WAI FUZHUANG SHI

编辑出版　人民美术出版社
　　　　　（北京市朝阳区东三环南路甲3号　邮编：100022）
　　　　　http://www.renmei.com.cn
　　　　　发行部：（010）67517611
　　　　　网购部：（010）67517604
著　　者　华　梅　刘一品
插图摹绘　王家斌
责任编辑　胡　姣
装帧设计　翟英东
责任校对　卢　莹
责任印制　胡雨竹
制　　版　人民美术出版社印制设计部
印　　刷　天津裕同印刷有限公司
经　　销　全国新华书店

开　本：889mm×1194mm　1/16
印　张：14.5
字　数：228千
版　次：2025年1月　第1版
印　次：2025年1月　第1次印刷
ISBN 978-7-102-09458-8
定　价：89.00元
如有印装质量问题影响阅读，请与我社联系调换。（010）67517850

内容提要

　　本书从适应服装设计专业教学发展趋势目的出发，以时间为轴，串联起中外服装发展脉络，涵盖大量纺织考古实物、历史文献资料以及服装经典案例。其将中国和外国服装文化有机地联系在一起，进行了跨文化的对比讲解，从不同视角阐述了服装树叶草裙时代、羽毛兽皮衣时代、纺织初现时代、服装成形时代、服装定制时代、服装交流时代、服装融合时代、服装成熟时代、服装更新时代、服装风格化时代、服装完善化时代的中外服装演进过程及变化的规律。

　　本书脉络清晰，图文并茂，博古通今，易启发灵感，集历史性、理论性、实用性为一体，具有较强的指导性和参考性，可供高等院校服装专业师生和社会科学研究人员以及广大服装爱好者研读。

前言

早在1995年，我的百万言专著《人类服饰文化学》出版，其中第一章即是"人类服饰史"。时光荏苒，那部书已发行了近30年，可是如今看来，立意还是很难得的。今日以地球村、世界人的视角去看，那些说法丝毫也不过时，反而是极其具有前瞻性的。

这一本《中外服装史》，意在为当代大学生勾勒出中国和中国之外的国家服装发展史的梗概，不是世界服装史，而是立足中国，再看其他国家在同一历史阶段的发展状貌。这本书总体看是一部服装简史，因为人类的历史长河太浩瀚，太波澜壮阔了，我们鉴于教材篇幅和课时需求，不可能囊括那么多，也不可能顾及得那么全面，因而只能是抓住重点，有所选择，从纷繁却又精彩的服装文化活动中，理出一个较为清晰的脉络。

正因此，我们不能以某一个国家或地区的年代、朝代来分章列节。加之服装风格的形成或演变本来就不是严格地按纪元断开变异的，它的形成和确立是受到多方面因素影响的。

服装首先是人类创作的作品，而后才发展为产品。无论是作品还是产品，它与同类性质的物品都不同。例如"衣食住行"，其中食物、建筑物和交通工具，都不可能像服装这样。服装是人创造后穿在人的身上，与人共同构成一个完整的服饰形象，从而进入社会群体活动之中，这个整体是有灵魂有思想的。再如绘画、雕塑、手工艺品等，也是人创作出来，而后以人作为主体去欣赏的，它们是绝对的客体。即使是美酒美食，人要去品尝，但依然是明确存在主客两方，只有服装是与人合为一体的。

这些都说明了，中外服装史只能从服装本身找出其共同点去断代，如树叶草裙时代、羽毛兽皮衣时代、纺织初现时代、服装成形时代、服装定制时代、服装交流时代、服装融合时代、服装成熟时代、服装更新时代、服装风格化时代和服装完善化时代。这样断代有助于突出服装特点，其根本是抓住了世界上大多数人活动的轨迹。

当然，以服装本身断代也有其局限性，因为全世界各国各民族的文明发展并不是同步的，也不会完全一致。如树叶草裙时代标定了人类服装发展的早期特征，可是到全世界基本上都达到了工业文明时代以后，仍有一些地区、一些民族以草裙为日常着装，这说明了世界服装发展的进度是不完全在一个刻度上的，我们所使用的时代说法只是根据大的趋势来定，也不考虑人数和经济发展。它仅仅是代表一个有关键标定意义的风格来标出的，至少显示着服装史断代上的一种独特之处。

以往出版的服装史类书籍，主要分为几种：有专写某一国家的，如《中国服装史》；有专写某一区域的，如《西方服装史》；还有囊括更大范围的《世界服装史》。不过，所谓世界服装史大多出自欧美学者之手，其内容主要是西欧服装发展情况，上溯至埃及和美索不达米亚，近代后涉及美国。不提亚洲，更不提非洲。如果提到一点中国的话，也是极简单的。看来欧美学者心目中的世界，主要是西欧，这实际上不能构成世界服装史。

我们这本《中外服装史》严格按照全人类服装活动的脉络，侧重于中国和欧洲，因为这两大部分的服装演进阶段性比较明显，风格又依循总体文化的特征，梳理对比都可以相对顺畅和清晰。同时，尽可能地列举一下日本、印度等国服装，因为一些国家的服装是始终贯穿在民族风格和宗教信仰之中，数千年来自然形成独树一帜的

审美特征。非洲、大洋洲、北美洲原住民的服装，要么变化不大，如非洲服装的重彩色、重装饰等；要么就是自近代被殖民者文化所冲击，以致失去了本民族典型服装特色，如印第安人和毛利人等。这样考虑的结果是构成了如此一本以中西为主，又兼顾各地区各民族服装的教材，旨在为读者铺垫一条研究世界服装文化的道路，并期望更多的有志者参与到服装文化研究队伍中来。

还需要说明一下的是，我们这本书的撰写，正值中国提倡"一带一路"十周年之际，其累累硕果证明了构建人类命运共同体是全球爱好和平的人们的愿望。对于社会文明来讲，服装文化是各国各民族长期创造的心血结晶，没有高低之分，我们没有必要再以工业文明的产物为由头，去认为哪一种服装更为先进前沿。时代在闪电般发展，愿全人类共享服装文化的无限美好与广阔空间！

2025年1月1日

目录

第一章
服装文化首页

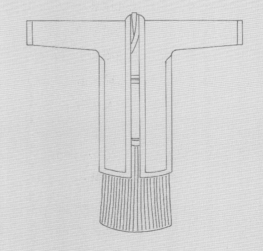

人类社会进入21世纪以来，由于航空航天事业的飞速发展，加之考古界捷报频传，尤其是人工智能的神秘莫测，使得人们越来越对未来产生浓厚兴趣，同时又在更深入地探索过去。

人类起源于何时？人又是在什么时候，什么情况下穿起了衣服？多少年来，人们试图解开这个谜，而今天显得更为迫切。

考古学家和人类学家们为此进行着不懈的努力。可是从那些难以破译的古化石与炭化物甚至实物上，只能摸清事物发展的下限，而寻求上限却很难。一次次惊人的考古发现，证实着人类祖先的伟大，同时将世界开化史或人类文明史不断向前推进。岩画，又打开了一扇考古的窗，但还是难以得到确切的"人类起源的起始"。我们关心的是，人类是什么时候发明的服装。

图1-2 石器时代的维纳斯
人类早期的雕刻人像是裸体的，当代人根据其原始美感，称其为"石器时代的维纳斯"。

图1-3 维伦多夫的维纳斯
奥地利维伦多夫的雕刻人像，虽然未穿衣服，但头部好像有缠辫，也被当代人称为"维伦多夫的维纳斯"。

一、服装起源传说

说到服装起源，我们不得不先探求人类的起源。从目前来看，在历史上影响最大的是基督教《旧约全书》中的"创世说"。《旧约全书》上讲，上帝用了六天时间，先造出天地、日月星辰、山川河流、飞禽走兽，最后照自己的模样用圣土造出了第一个男人，名叫亚当；又从亚当身上取下一根肋骨造出了一个女人，名叫夏娃，即亚当的妻子。亚当和夏娃的子孙都是上帝的后裔。

依据《旧约全书》的说法，亚当和夏娃起初是不着装的，只因为听了蛇的怂恿，偷吃禁果，眼睛明亮了，才扯下无花果枝叶遮住下体，这便是服装的雏形。对于这种说法，当代已有不少人提出质疑，原因是羞耻观念只会在摆脱了蒙昧社会和野蛮社会以后的文明社会出现。遮羞论并不能说明着装之源。（图1-1至图1-3）

无论人是怎样开始生活在地球上的，原始人类都曾自然而然且又有滋有味地生活过。原始人类在万物有灵的观念支配下，认为宇宙万物都具有生命甚至"灵魂"。这在今天看来是古老的宗教观念，但它衍化出了关于人类起源和早期生活的神话传说。

原始人类口头创造的神话，经过文明初期启蒙意识的筛选、裁汰、升华、整合，最后凝聚到

图1-1 画作中的亚当与夏娃摘下无花果枝叶作为早期短裙

各个区域文化的意识之内，成为一些可供后人研究时作为参考的系统传说。

比如中国的神话，虽不如希腊神话脉络清楚，但对开天辟地的盘古和抟土造人的女娲的描述，还是非常动人的。有趣的是，汉许慎所著的《说文解字》中说女娲是"古之神圣女，化万物者"，却从未提及女娲的服饰形象。难怪更早的楚国诗人屈原在《天问》中发出疑问："女娲有体，孰制匠之？"这就说明中国关于人类始祖的传说是含混的，不仅缺乏来龙去脉，也未点明整体形象，只是在传说中塑造了一个伟大的造物者。女娲坐在黄河边上，她先是用土加水捏成一个个人，后来累了，便用树枝蘸着泥浆乱甩，那些小泥点也变成了人，于是便有了芸芸众生。依此来看，人类起始之时，是未着装的。

古老神话对于西王母的服饰有些简单的记述，如《山海经·西山经》中说："西王母其状如人，豹尾虎齿而善啸，蓬发戴胜……"豹尾虎齿，可以理解为是西王母长着像豹一样的尾巴和像虎一样的牙齿，但是也可以理解为西王母身上系着豹尾、挂着虎齿以作佩饰。蓬发戴胜，即未经梳理或是未盘成发髻的头发上戴着头饰，后人将这些头饰解释为双棱形玉簪，中国人将其命名为"胜"。把这些印象结合起来，一种原始人披兽皮、垂兽尾、戴兽牙佩饰，同时披发戴花的服饰形象完整地呈现出来。

女娲、西王母等传说引起我们对服装成因的思考，那就是先人不穿衣，而后有了兽皮衣和兽牙佩饰，这种基于传说的联想与历来的服装起源说法基本上是一致的。

希腊神话是世界神话传说中最完整、最成熟的，有一些传说直接与服装有关。

在古老的太阳神赫利俄斯（不同于阿波罗）的儿子法厄同的故事里，描绘出年轻的春神饰着鲜花发带，夏神戴着谷穗花冠，秋神面容如醉，冬神长着一头雪白的卷发……诗一样的众神，画一般的服饰。鲜花、发带和谷穗、花冠等都是生活当中真实存在的，即使是后人根据当时生活情景而有意加以渲染，那也总是接近于远古时代的，对于今人研究服装来说，当然有参考价值。

最惊人的是希腊著名雅典城传说中，雅典城保护神和智慧女神雅典娜的出生。按照其中一种神系说法是这样的：雅典娜的母亲墨提斯是宙斯的堂妹和第一位妻子，临产前她预言即将出生的孩子一定会比宙斯强大。为了防止这种危险降临到自己头上，宙斯便把妻子"活活地吞进了肚里"。过后不久，他感到头痛欲裂，难以忍耐。在痛苦的绝望中，他请求火神赫菲斯托斯奋刀劈开他的脑袋以减轻疼痛。结果，雅典娜全副铠甲、披挂齐全地从宙斯头中一跃而出，成为一位新神。神话传说是古代现实的曲折反映。（图1-4）

003

图1-4　雅典帕特农神庙的雕塑雅典娜（复制品）

北欧神话是希腊神话之后最显著的神人同形的神话。其中爱恋与美之神佛洛夏，有一件鹰毛的羽衣。传说佛洛夏穿上这种羽衣，就可化为飞鸟。这显然与人类早期服装中有以羽毛为衣的观念有关。中国也有"羽化成仙"的说法，甚而有"羽衣"。为什么要用鸟羽做衣服呢？希望自己也像鸟儿一样在天上飞？希望自己像鸟儿一样勇敢、美丽？相信鸟儿受不凡的神的驱使？还是鸟儿本身就是神？

穿上羽衣是可以飞上天空的，相对的，还有潜入水底的。在北欧神话里，最低级的海神是所谓的"鲛人"，他们经常变形为鹅或海鸥，高级一些的海神则是人首人身，但拖着一条尾巴，最高级的海神才具有完整的人形。海兽皮和鱼皮或许从很早以前就成为人们日常服装的面料，中国赫哲族人就有鱼皮衣。但是，当时的人很可能是从海兽皮和鱼皮上获得抵御寒冷的启示，并出于对水中大生物的崇拜或喜爱，而在长时间内保留了服饰形象中的水族形尾饰。

传说在早期是属于口头形式的，因而当它流传到后代以文字形式记载下来时，可能是以先前为依据而后不断改进的。因而，传说中涉及的服装成因，可以作为今日研究服装起源和早期情况的参考，但不能作为确凿的证据。

二、服装起源考古

在很长一段时期内，人们对于人类起源的认识，仅仅局限于一些神话传说。直到近代，考古学、人类学、古生物学、地质学和民族学等许多学科的发展，特别是地质考古、田野考古对文化遗存的发现，才为研究人类起源和服装成因提供了有力的实物资料。

比如岩画是石器时代人们在山岩上以矿物质颜料和刀斧绘制出的艺术品。从西班牙北部坎塔布连山区的阿尔塔米拉洞窟岩画，到中国云南沧源和广西左江的宁明县花山岩画，描绘了无数个面目不清但极有特色的着装者群。

岩画中有关人物的内容，大致有狩猎、放牧、农业、战争、祭祀、舞蹈等，其中以狩猎、祭祀和舞蹈中的服装最有启发意义。

欧洲岩画中的人物大多戴有面具，或是人身兽首。有关专家推论可能是当时人们对自己的形象描绘存在着特殊的禁忌，或有可能是巫师做法的真实写照。法国多尔多涅省有个名叫拉斯科的石灰岩溶洞，由于保存着旧石器时代的精彩绘画，所以被西方人誉为"史前的卢浮宫"。在该洞的一条洞道的侧端，洞壁上画着一个人与欧洲野牛争斗，仰卧在地的人头戴鸟形面具，手边是瑞鸟形装饰的长杖。这说明面具之于人类，发明使用的年代已经非常久远，而面具作为服饰形象的一种特定气氛下的表现形式，是出于有意识的创作。到底是出于巫术的目的，还是为了蒙蔽野兽？可以肯定的是，这种手段中包含了对上天、神明的心灵崇敬，以及获取更大生存能力的愿望。

法国的三兄弟洞窟，也是欧洲著名的旧石器时代洞穴。这个洞穴里有三幅岩画，其中两幅与人类服装有关。一幅是一只野牛生长着人的脚，手中拿着一件东西，一端插在嘴里，好像是一根长笛。这幅画曾被人们推断为是披着兽皮的狩猎者，正在吹笛引兽。另一幅画着欧洲冰河时期艺术中最为奇特的形象——鹿角巫师，巫师戴着鹿角之类的饰物。（图1-5）

图1-5 法国三兄弟洞窟中岩画上的鹿角巫师

以动物牙、角、皮毛装饰自身，力图迷惑动物，较之单纯模仿、重温狩猎时的服装表现，要显得文化性更强一些，这是人类在自身强化之后才会产生的更聪慧的行为。岩画中不乏人戴着动物角饰去刺杀、围猎动物的画面，古代人也确实曾披着虎皮埋伏在山崖旁以伏击老虎。今日非洲原住民仍然在身上披草、弯着腰，双手举一根长棍竖立着，棍的上端再绑上一团草，扮成鸵鸟去接近鸵鸟，以此伪装迷惑动物，最终达到捕猎的目的。不排除这也是服装起源的成因之一。

最有说服力的或许是巫术导致了服装的诞生甚至不断变换出新。岩画上有一些祭祀的场面，其中尤以广西宁明花山岩画的祭祀场面最大，气势最宏伟。（图1-6）人物不分大小，也不拘正侧，一律高举双臂，蹲踞两腿。作为主要人物的形象，有些是正面的，头上有饰品，腰间别着长武器。那些持同一姿势的侧面人物有些是裸体的，有些似乎有飘散的头发。连同欧洲岩画中鹿角巫师，中国漆器中戴倒三角形头饰、着大袖袍

图1-7　内蒙古乌海市桌子山岩画中的早期服饰形象

的巫师形象来看，巫师的服饰形象总是力求区别于人群。人们为了表示对神的虔诚，千方百计地模仿巫师，因为巫师是"神的使者"。而巫师为了显示自己的神力，又要不断地改变自己的服饰形象。由于人们当时对诸神存有一种无比敬畏的心理，很可能去追求一种看似怪诞，但初始动机却是极神圣、极严肃的装饰效果。

岩画人物形象上，留下了各种各样的头饰和耳饰的剪影式造型。从那些带着原始野性的人物造型上，可以看出其头饰大多与野兽的双角和飞禽的头羽形象有关。耳饰中有双弯形的，可能代表插兽牙为饰；还有画一根短直线的，或许是代表木棒、骨管、植物茎之类的棍状耳饰。发辫形象更是千姿百态，有单辫、双辫，或长或短；还有长椎髻，说明当时发型已有很多讲究。（图1-7至图1-11）尾饰一般垂在腰后，直至臀部以下，有可能是系上马、牛等大牲畜的尾巴，也有可能是用衣料做成的类似尾饰的样子。这些系尾饰的人物形象大都出现在狩猎和舞蹈等场合之中。

图1-6　广西宁明花山岩画局部显示的发型与祭祀舞场面

图1-8 宁夏贺兰山贺兰口岩画中的发型与面状

图1-9 云南麻栗坡县大王崖岩画上的发型

图1-10 阴山岩画中的双人面像 旧石器时代晚期

图1-11 人面鱼纹彩陶盆 新石器时代 中国国家博物馆藏
仰韶人有瓮棺葬习俗，即将早夭的孩童放在瓮中，其上覆盖一盆。图示陶盆即做此用。

图1-12 舞蹈纹彩陶盆 新石器时代 中国国家博物馆藏

图1-13 佩尾饰与辫饰的原始人
摹舞蹈彩陶盆纹饰局部。

1973年，在中国青海省大通县上孙家寨出土的彩陶盆上，有绘出的三组舞蹈人形，各垂一发辫，摆向一致，服装下缘处还各有一尾饰。每组五个人手拉手舞于池边柳下，好似一种狩猎模拟舞，即以重复狩猎活动某些过程来重温胜利的喜悦，当然也不排除舞于庄严肃穆的巫术仪式之上的可能性。甚至后者所具有的含义更为原始人所重视。（图1-12、图1-13）

三、服装起源学说

在论述有关服装起源的当代学说前，有必要重提一下达尔文关于人类起源的学说。按照达尔文的进化论，人是由猿演变来的。但是，如果我们从服装起源来看，在从猿进化到新人的过程当中，如果已经遇到御寒、防潮、遮晒等需要适应环境的实际问题，那么为什么还要脱掉大面积体毛呢？而进化后的人身体上仅存的体毛又都是保留其功能的。换句话说，人的体毛包括眉毛、睫毛、头发、腋下和耻骨等处的毛发，都有着明显的实用价值，算起来只有男人的胡须实用性差一些。如果不是进化中的自主选择，为什么会形成如今这样合理的生理趋向呢？如眉毛使汗水平行向外侧流去，不致一下子流到眼睛里；睫毛挡住风沙，免得沙尘眯眼；头发既可以遮住阳光，使头皮免受暴晒，又可以挡住风霜雨雪，不让头皮直接受到侵害；腋下和耻骨处体毛则是为了使汗液得以挥发，形成自然通风小环境。

人在体毛这一点上，是根据什么进化的？为什么不以自身的毛皮去抵御严寒？人类在怎样一种自然生态环境中脱去大面积毛发，又在怎样一种外界环境和内心活动驱使下制作服装的？除了美妙的神话传说和静止的服装考古以外，非洲、澳洲、美洲以及太平洋岛屿等处尚存的较为原始的部落，以活化石的身份，为我们研究服装提供了动态的、形象的依据。尽管我们去分析他们的着装时，难免会存在一些不准确的视点。但是，他们就在眼前。

20世纪初，欧美一些学者深入偏僻地区考察，努力从尚存原始部落习俗的穿着上，探寻服装产生的来龙去脉。他们以大量的着装事象说明了导致服装产生的诸种可能（图1-14至图1-16），如御寒、保护生殖部位、驱虫、消灾、区分等级等。这些被有关书籍总结起来，就成了御寒说、保护说、装饰说、巫术说、吸引异性说、劳动说以及引起争论的遮羞说。

御寒说是人们长期以来最为认可的说法，但

007

图1-14　当代仍处于部族生活方式下的人依然以羽毛为饰

图1-15　当代仍处于部族生活方式下的人的文面

图1-16　当代仍处于部族生活方式下的人全身装饰物繁多

图1-17　当代仍处于部族生活方式下的人其佩饰相当精致美观

图1-18　当代仍处于部族生活方式下的人其佩饰有着深厚的文化内涵

学者们在观察中发现，气候寒冷的火地岛上原住民几乎完全赤裸。达尔文也承认："自然使惯性万能，使习惯造成的效果具有遗传性，从而使火地岛人（南美洲南端印第安人）适应了当地寒冷的气候和极落后的取暖条件。"1850年，查尔斯·皮克林博士访问了南美洲，他说那些玻利维亚人"赤身裸体从不着凉，一穿衣服反倒感冒了"。

装饰说和巫术说，已经论述过。保护身体重要部位倒有可能是导致服装起源的一种促发力。因为原始人既要为了生存去狩猎、采集，又要为了繁衍而保护自己的生殖部位，尤其男性将其视为生命之根。当人直立行走并频繁地穿越杂草丛去追赶野兽时，男性生殖部位就会首当其冲，处于毫无遮护的危险境地。在这种情况下，缠腰布诞生了。通过对现存原始部落的考察，学者们发现在非洲、南亚、澳洲等地还广泛存在着男性穿植物韧皮制裙子或兜带的习惯。

如果服装成因确与吸引异性有关的话，我们可以从动物的求偶行为和发情期体貌变化上观察到直接的原因。雄孔雀尚晓得展开画屏般的尾羽向雌性炫耀，吐绶鸡颈间的垂肉也会因追逐异性而变得通红，甚至鱼类在发情期都会出现闪光和变色现象，何况人呢？

服装起源于劳动需要的说法，历来不被人们所关注。实际上，人们要奔跑着追打野兽、采集果实、捕获游鱼，恐怕最便利的办法就是用带状物将武器和已捕获的猎物捆扎在身上。而这种再实用不过的原始动机，极有可能导致了人类服装的起源。在编织物中，很可能最早出现的是绳子，它的原始形态也许是几条鲜树皮树枝、兽皮兽尾，继而集束编成绳子，而绳子有可能是最早的腰带。

迄今来看，人类对于自己祖先服装的成因，大致上可归为几种，除了以上所提及的装饰说、保护说、巫术说、表现（显示）说、异性吸引说以外，还有气候适应说、象征说、性差说等。（图1-17、图1-18）

综上所述，服装起源绝不会是一个因素，但一定会有一个主旨，那就是为了生存与繁衍。这是人的本能。这种本能延伸的结果，就出现了衣服与佩饰。

第二章

树叶草裙时代

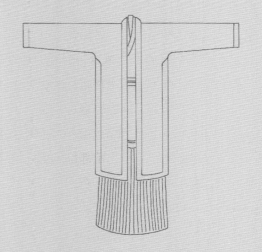

如果说我们依据达尔文物种进化的理论去推想人类早期服装创作的轨迹，最可信服的是在裸态时代以后曾有一个树叶草裙时代。

树叶草裙时代在人类历史上所处的年限，大约在旧石器时代中期和晚期。也可以按照另一种历史断代的说法，即中石器时代或细石器时代，延续至新石器时代早期。

树叶草裙是采集经济的产物。旧石器时代中期以前，人类已经能够有效地制作石质工具了。那些用砾石打制成的砍砸器和一些形状很不规整的石片工具，虽然制作得十分粗糙，但是已经足以砸碎坚果、切割植物的根茎甚至动物的肉了。旧石器时代中晚期，狩猎的范围逐渐扩大，但是进行一次大规模的狩猎往往要花费很大的力量乃至丢掉性命。而且，依靠狩猎而获得食物，本身有着很大的偶然性，如果未遇到可能捕获的动物或者说未能捕获到动物，那食物摄入就面临着中断，生命也因此受到威胁。在这种情况下，能够为人们提供经常性食物的采集经济始终占有极其重要的位置。

一、古籍记载的美妙神话

《旧约全书·创世记》中有一段人人皆知的故事，就是亚当、夏娃在伊甸园中，由于偷吃了禁果，发现在异性面前赤身裸体很害羞，于是扯下无花果枝叶系在腰间，这实际上类同于本书概念中的树叶草裙。试想，两河流域的湿润气候和肥沃土壤能给人类以足够的植物资源，因此，以树叶或草叶裹体不一定只是神话传说，即使是神话传说也必然是以现实生活为基础的。《圣经》故事对于树叶草裙提示的重要意义，在于树叶草裙确实在人类生活中存在。

树叶草裙装代表着人类服装创制的最早物态，就好似如今玻璃镜子的前身是铜镜，而铜镜的前身是鉴，鉴以前更应该是水面的道理一样。

中国古典文学中，《楚辞》的风格是独特而又闪耀着异彩的。由于楚地山水润泽，巫风盛行，致使《楚辞》始终带着迷人的色彩。

《楚辞·九歌》中有不少诗句描绘出源于古老传说的直接取自植物的衣裳。如少司命"荷衣兮蕙带，倏而来兮忽而逝"，湘君"薜荔柏兮蕙绸，荪桡兮兰旌"，山鬼"被薜荔兮带女萝""被石兰兮带杜衡"等着装效果，清楚地点明了远古时曾有直接以植物为服装的景象。从《楚辞》所留下的有限的文字中可以看出，人们可取荷叶为衣、以蕙草为带，或以别名为木馒头的蔓生植物薜荔做成披肩，再用状如麦门冬、叶子细而长的蕙兰做成束身的衣带。那山林女神的服饰形象更富有诗意，她披着薜荔草做的衣衫，头覆别名为松萝的地衣类植物花冠，或是用它做腰围。忽而又以石兰为衣，以杜衡为带了。王逸注："石兰、杜衡，皆香草。"（图2-1）

图2-1 戴草冠、围树叶裙的女子
根据屈原《楚辞·九歌·山鬼》诗意描绘。

图2-2 人头形器口彩陶瓶
　　高 32.3 厘米、口径 4 厘米、底径 6.8 厘米，仰韶文化庙底沟类型，距今约 5500 年，秦安县大地湾遗址出土，甘肃省博物馆藏。

　　除《九歌》以外，《楚辞》其他篇章中也多次提到材质为植物的衣衫。如"制芰荷以为衣兮，集芙蓉以为裳""衣摄叶以储与兮，左袪挂于榑桑"，间接朦胧地表现了植物与衣裳的关系。屈原《楚辞》中多次提到直接以植物为衣裳，除却他自喻清高之外，应该相信《楚辞》中诗句的真实性。诗中想象有一定的根据，绝不是凭空而来。

　　中国古籍《淮南子·氾论训》中也曾讲到我们的祖先在远古时"缝麻索缕，手经指挂"。既是手经指挂，可以理解为是正式纺织之前，以草、麻等编成衣裳。这应该是在树叶草裙的基础上，又前进了一步。（图2-2）

　　不用说真正的远古树叶草裙，就是战国时代也距离我们很久远了。但是留置于文化中的文化

形式，为我们研究那一个朦胧缥缈的树叶草裙时代提供了非常重要的参考。

二、远古衣裙的当代存留

　　20世纪30年代，一些人类学家开始对尚未进入文明社会的部落进行考察，这为我们保留下远古服装的活化石资料。如巴布亚新几内亚原住民，地处岛屿，相对闭塞，竟使他们在20世纪50年代仍然存留着人类童年期，即石器时代的文化。

　　就树叶草裙来说，当文明人远离石器时代近万年后，又在这里见到了过去只能在书籍中见到的形象。这才是真正的树叶草裙，是由新鲜的树木枝叶或青草捆扎、编织而成的，鲜嫩、青绿，带着露水，重现了万年前的树叶草裙风姿。（图2-3）

　　浙江人民出版社于1988年出版的《三个原始部落的性别与气质》（美国作者玛格丽特·米德）一书中，作者多次提到巴布亚新几内亚原住民的草裙。当成年妇女们打扮一位小新娘时，就包括"在女孩的肩背上涂上些红颜色的图案作为装饰，又让她穿上新的草裙，套上新编的臂箍和脚环"。在小新娘即将与丈夫圆房前，她又要"自己穿上漂亮的草裙，同稍比她大些的少妇们一起，央求老妇人替她们把植物嫩叶染上漂亮的红色，并用它来编辫子……每天都戴上鼹鼠

图2-3 当代南太平洋岛屿上还能见到原始草裙

牙和狗牙穿成的项链"。作者在见到一位名叫萨瓦德热的姑娘时，描述姑娘"仅仅穿着一条4英寸（相当于10.16厘米）长的短草裙……在头的后部，套着一个竹环"。大规模的化装舞会给原住民们带来极大的乐趣。"玛瓦"舞就是一例。举行这种舞会时，戴面具的人头上也戴着头饰，"这些饰物由植物叶子和花组成，里面伸出许多小棍，支着几十个细长而小巧的刻制物，而面具正好固定在这些头饰上。这些人的肚子上挂满了一大排'凯纳'贝壳，使他们的腹部高高隆起，而贝壳又从腰部的衣襟中伸出来，活像大象的长牙齿。他们穿着粘有怪形面具的撑裙，腿上扎着用草编成的绑腿"。这一段里虽然没有明确描述草裙，但是从头饰到绑腿，很多都是以花草做成的。

另一本商务印书馆于2008年出版的《萨摩亚人的成年——为西方文明所作的原始人类的青年心理研究》（美国作者玛格丽特·米德）中，也有几次提到巴布亚新几内亚原住民的植物饰品。如：她们用露兜树的果实穿起来做项圈，用棕榈树的叶子编织方球；用香蕉树叶做遮阳的伞，或用半片叶子撕成一条短"项链"；她们把椰子壳一劈两半，再用一种叫作"辛纳特"的植物茎捆扎起来，做成一种游戏时用的高跷；或用"泊阿"树上的花朵编织美丽的项圈。哥伦布发

图2-4　当代巴布亚新几内亚舞服中仍然留存的草裙

图2-5　当代摩洛哥人的原始性饰件与文面

现新大陆时，最先看到的原住民也穿着草裙。

他们保留了人类童年时期曾经有过的树叶草裙时代的风采，然言以真实的、鲜活的形象重新在20世纪展现出来。

我们可以从很多生活闭塞的少数民族服装上看到树叶草裙，或鲜草、干草编织的草裙一类的植物服饰。除却巴布亚新几内亚的原住民以外，中国台湾岛上的雅美人也有用椰皮编织搭肩背心的做法。美国华盛顿北部的普吉特桑德地区的人更充分利用雪松皮做成圆锥形上衣和宽大的披肩。中国土家族人在祭祀活动和节日歌舞中，以干草扎成衣服，头上还以干草编成挺立的小辫，也许这些不能算作树叶草裙，但它们确实与树叶草裙有着某种必然的联系，或属同类，或属同源。（图2-4、图2-5）

远古衣裙的当代存留是相当难得的，因为这些植物材质很难保存至今，因而考古发掘也难以找到理想原型。那是人类与自然高度统一的岁月，树叶草裙留给我们无尽的遐想。

第三章
羽毛兽皮衣时代

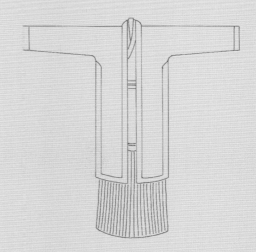

羽毛兽皮衣是狩猎经济的产物。在历史学家看来，狩猎经济与采集经济基本上是同时的。但是，无论是从猿至人的发展走向看，还是从两种经济手段的难易程度看，狩猎经济只会晚于采集经济。猿是以植物果实为基本食粮的，而且采集又比狩猎现成、轻松，冒险程度相对较低。因而，人类在童年时期先从事采集，而后才以狩猎来补充采集的不足，这应该是符合历史唯物主义的。（图3-1）

最早的羽毛兽皮衣是什么样子？在考古工作中很少能见到它的实物遗存。因为这至迟是一万年前旧石器时代的事。成书于西汉时期的《礼记·王制》中载："东方曰'夷'，被发文身，有不火食者矣；南方曰'蛮'，雕题交趾，有不火食者矣；西方曰'戎'，被发衣皮，有不粒食者矣；北方曰'狄'，衣羽毛穴居，有不粒食者矣。"虽然这是中原人以自己的口气去描述边远民族，但是它仍为我们勾勒出人类在文明时期到来以前走过的一段服装发展历程。

一、考古发现的骨针实物

中国人民大学出版社于2021年出版的《世界文明史》（美国作者丹尼斯·舍曼、A.汤姆·格伦费尔德、丕拉尔德·马科维茨）一书中提到原始人"发明了针，他们不会织布，但缝在一起的兽皮就是一种很好的代用品"。史实证明，这种说法是可以成立的。因为我们在考古中，确实发现了旧石器时代的骨针。

图3-1 穿兽皮装的原始人
根据考古资料臆想描绘。

北京周口店山顶洞旧石器时代遗址发掘中，有2万余年以前的骨针出土。针长8厘米，直径仅0.3厘米，有椭圆形的孔，有明显的尖。针身略呈弧形，刮磨得十分光滑（图3-2）。除山顶洞人遗址出土的骨针外，1983年在辽宁海城仙人洞遗址还发现了3枚保存完好的骨针。这3枚骨针的针孔圆滑，针身较直，通体保留了纵向的刮削痕迹，集割、刮、磨和钻孔等技术于一身（图3-3）。不仅仅中国有骨针出土，在世界各处古老的人类发源地不断发现骨针实物出土，这明显地意味着人类从那时起已开创了缝制衣服的先河。

骨针虽然仅有8厘米左右的长度，但是就因为它是独立的，是以前所未有的形式出现的，因而证明了人类为满足实际需要所做的努力，证明了人类历史或服装史上的一个伟大的、具有划时代意义的跨越。

试想，骨针发明以前，人类有可能已经开始裹着兽皮，只是它还仅限于披挂或绑扎，仅限于兽皮的简单裁割，而不能称其为衣或是坎肩等。也就是说，还不能列入服装的正规款式之中。从骨针的尺寸、针孔的大小以及骨针的造型，诸如细长、尖锐等特点来看，这个时期的服装质料，主要是兽皮。因为花草树叶不用缝制，而经由纤维纺织成的织物，又应该使用更短、更细的缝衣针。况且，在骨针出土的遗址中，尚未发现同时的纺轮、骨梭等物，说明没有进化到纺织阶段。或许就在那数以万计的动物遗骸坑和遍及世界的旧石器时代遗址动物骨骼出土物之中，曾经诞生过兽皮衣。人们将赤鹿、斑鹿、野牛、羚羊、兔、狐狸、貛、熊、虎、豹，甚至大象和犀牛砍杀后，先是将其皮用石刀剥取下来，然后再去切割里面的肉，或生吞，或火烤。果腹之后，将兽皮上的血渍用河水冲刷掉，然后按需要的形状用石刀裁开，再将这些兽皮片用骨针穿着兽筋或皮条缝制起来（现代的因纽特人就是以动物的筋腱为线缝制皮衣）。原始的、有意味的服装形式，

图3-2　2万余年前的骨针
北京周口店山顶洞人遗址出土。

图3-3　旧石器时代的骨针
辽宁海城仙人洞遗址出土，辽宁省博物馆藏。

很可能就诞生在这火塘边。

在法国东部里昂附近的梭鲁特雷山洞一个火塘附近，发现了旧石器时代人类燃烧过的兽骨。经过现代考古学家实地考察，估计含有十万只大型动物的遗骸。这就是说，旧石器时代晚期的人类的主要类型——克鲁马努人，已经大量狩猎并以兽肉为食。而且，梭鲁特雷山洞和其他地方的大批焦骨或许表明狩猎中的协同行动是在采集活动之后的必然形式。

在法国尼斯附近的沙滨岩棚上，考古学家们发现了一个被称作"太拉·阿姆塔"的洞窟。这里残留着40万年前人类曾居住过的痕迹。从化石和沙的痕迹中，可以看出这里曾切过肉。就在兽肉被原始人吞食的同时，兽皮已被像一件不成型的斗篷似的裹在了身上。

俄罗斯莫斯科市东北约209千米处发现的旧石器时代遗址里，两位少年就不仅戴着猛犸牙做成的佩饰品，而且还穿着类似皮裤和皮上衣式的兽皮衣，同时有做得很精巧的骨针。考察队队长奥特·贝依达博士说，制造这些衣物和器具的旧石器时代的人和现在居住在北极地区的现代人没有大的区别。尽管这样，我们仍然应该感谢极寒地带的气候，否则的话，这些衣物的残片是不会遗留至今的。

另外，在俄罗斯贝加尔湖西侧出土的约10厘米的骨制着衣女像，从头到脚皆为衣物所包裹，其刻法就很像是在表现皮毛。约2万年前的岩洞壁画上，人物的服饰形象也明确地描绘出兽皮衣的感觉。不管是半截裤下露出的毛皮状饰物，还是那些上衣袖口与裙子边缘所显示的不规则边缘线，都表现了一些皮毛的质感。

由于兽皮材质遗存的困难，我们不得不借助于一些文字资料。当然，这些文字资料也不是当时，即史前时期遗留下来的，只是以文字来记录和描绘这些早期服饰的人，毕竟要比我们更接近那个时代。

在学林出版社2002年出版的《中国历代服饰》首页中，作者周汛便选择了古籍中"搴木茹皮以御风霜，绚发冒首以去灵雨"的有关兽皮衣的记载。假如这是有文字以来人们对皮衣皮帽的一种推想的话，那么中国两千年前《礼记·王制》所记录的中国各少数民族的早期服饰形象，应该说是有所依据的。

《礼记·王制》"东方曰'夷'……"一段文字为我们勾画出的原始人的服饰形象：他们或披着头发，即不梳辫；或文身并在额头上刻花纹（雕题）；或是裹着毛皮；或是插戴着羽毛。通过这些对服饰形象的描绘，再参考其他出土物、岩画及各种形象资料等文化遗存，我们就可以认为兽皮衣是有历史依据，而非只是主观臆测的。

可供参考的文字资料还有：《通典·嘉礼·君臣服章制度》称"上古穴居而野处，衣毛而冒皮"；《后汉书·东夷列传》中称，古代挹娄"好养豕，食其肉，衣其皮。冬以豕膏涂身，厚数分，以御风寒"；《云南志略·诸夷风俗》记"古代僚人以'桦皮为冠'"，当地也有用兽皮制作帽子的，其上有兽角和鸟类的羽毛。

可供参考的出土服饰形象还有：奥地利维伦多夫出土石雕"维纳斯"，其手腕处有手镯一类饰物，腰腹部有条状的腰带（参见图1-3）。捷克多尼维斯托尼斯遗址出土的泥塑"维纳斯"，其臀围处也有腰带。法国布拉森普出土的象牙制女头像，头上刻有格子状的头饰。法国罗塞尔出土的男子石刻浮雕像，腰上有两条刻线，或为腰带，或为衣服的边线。

二、原始部族的兽皮衣

我们如想寻觅原始社会人类穿着兽皮衣的具体服饰形象，可以从两方面进行：一是新石器时代文化遗存，如中国青海省大通县上孙家寨出土彩陶盆，图案中舞蹈人物绘有由粗而细近似尾巴的短线，形略上翘（参见图1-12）。考古界及工

图3-4 直披兽皮的服饰形象

艺美术界专家经过长时间反复讨论，最后认定是上古人类直披兽皮的形象。它与法国岩洞中所绘及美洲印第安人舞蹈披兽皮（上有角下有尾）的形象完全一致。再一个是"活化石"。未接触欧洲文明前，印第安人中的易洛魁人，即使在夏天也不论男女都用一块长方形的兽皮围在腰下；冬天更是把熊皮、海狸皮、水獭皮、狐皮和灰鼠皮等披裹在身上。在人类文明发展不平衡的偏远地区，一些民族或部落直披兽皮以护身的现象，是普遍存在的。（图3-4、图3-5）北美洲中部大草原上曾散居着许多印第安人部落。他们以狩猎为生，过着游牧生活，间或从事耕种。大草原上的印第安人擅长用野牛皮制作衣服、靴、鞋和器具，而这些工作均由妇女所承担。她们先用石刀刮除动物皮上的肉膜和杂毛，再用圆石子将干缩的皮革变软，最后用骨头锥子和腱制成的线照服装样式把兽皮缝合起来。男女服装虽然区别不大，却尽可能加以装饰。通常是用豪猪鬃绣出各种花纹，后来也流行用小玻璃珠穿成花，并饰以璎珞，即使鹿皮鞋也做类似装饰。有的部落酋长

图3-5 当代仍处于部族生活方式下披兽皮、垂兽尾、戴兽牙佩饰的人

还在野牛皮制外衣上画着他们参加各次战斗的情景，并戴着一项直拖到地的由老鹰羽毛和貂皮做的帽子。

现代因纽特人为我们提供了探寻人类童年时期兽皮衣的类似实物资料。美国服装史学家布兰奇·佩尼在1987年辽宁科学技术出版社出版的《世界服装史》中说："爱斯基摩人最为精巧的毛皮服装实物标本，是用交错缠结的兽类软毛拼制而成，这些原始的服装表现了独特非凡的设计才能和精湛的制作技巧。同时，也反映了制作者心中的美感、卓越的手工艺术和穿用者的社会地位。"因纽特人的羽毛头冠是该民族的特定标志。

无论从服装起源的哪一种论点说起，人们都认为裹住躯干部位是首要的，用动物毛皮、羽毛裁割并捆扎，以使其覆盖在身体之上。与此同时，大量佩戴野兽的角、牙，这是属于同一时代风格衣与饰的巧妙组合。这种典型的兽皮衣服饰形象至今仍在非洲、北美洲等一些地区延续着。（图3-6）

羽毛装在当代依然被使用，21世纪步入第三个十年之际，大洋洲上巴布亚新几内亚的人们还在执着地搜集天堂鸟的漂亮羽毛，细心地将其扎在头冠上，或是用线绳穿在一起挂在颈间，他们仍然认为鸟羽能够给人类带来智慧、能力和吉祥的祝福。羽毛装没有定格在原始社会，而是始终伴随着人类历史的发展，以特有的美显示自然魅力。

图3-6　北美洲仍处于部族生活方式下以兽皮和羽毛为饰的人

第四章
纺织初现时代

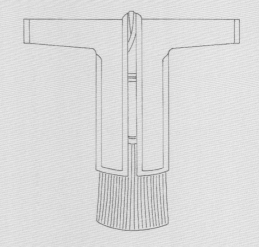

人类从直接采用树叶草枝和兽皮羽毛为衣，进化到以植物纤维和动物纤维织成衣服面料，这是服装史上又一个了不起的跨越。它标志着人类在制作服装时，已经充分运用了巧思与工艺，首先是在生活生产中发现这些纤维的可利用价值，然后再对天然物进行加工。应该认识到，这是人类智慧在服装史上的一个巨大闪光点。

一、埃及、中国等地的葛、麻纺织品

地处北非的古埃及，几乎是现在世界史学者公认的最早进入帝国制的国家之一，但非常遗憾的是，埃及文字对于埃及史前文化的记述并不是很多。而且与古埃及同时并进的西亚地区美索不达米亚文化，对苏美尔王国以前的历史记述也都不多。可是，尼罗河与底格里斯河、幼发拉底河确实给了埃及和西亚种植农作物的天然优势，致使尼罗河流域和两河流域的人民很早以前便穿上了亚麻纤维织成的衣裳。

按目前出土文物情况看，早在新石器时代，埃及就已经出现了最初的染织工艺。法尤姆出土的亚麻布便是当时服装面料纺织工艺的典型遗物。

葛、麻类植物是早期织物的主要来源之一。葛是一种蔓生类植物，茎皮经过加工可以织成布。细葛布在中国被称作"绨"，粗葛布被称作"绤"，绨中更细的又被称作"绉"。

麻，在东亚一些国家中泛指大麻和苎麻，区别于西亚、北非和南欧的亚麻。由于中国是大麻和苎麻的原产地，因此在世界多地已将大麻和苎麻称为"汉麻"或"中国草"。葛、麻纤维都是指它的皮纤维，古代将麻、葛水沤后，剥下皮层，捋出纤维。

从河南三门峡庙底沟遗址和陕西华县泉护村遗址发现的布痕来看，至迟在原始社会后期，中国人已开始运用原始的纺织技术。妇女们剥取葛、麻纤维，用陶质或石质纺轮加工，再织成粗布。河南郑州青台遗址出土的公元前3000年的陶器上黏附的麻布织纹，经纬向密度每平方厘米有9至12根。浙江钱山漾新石器时代遗址中也出土苎麻布，经纬向密度已为每平方厘米30根。

另外，在美国俄勒冈州的夫奥特·罗克洞里，发现了一双用山艾蒿的皮织成布以后做成的凉鞋，通过放射性碳14测定，确认这双凉鞋已有9000年的历史了。

二、南土耳其等地的毛纺织品

以牲畜皮毛为纤维织成服装面料的工艺，多出现于高寒地带或是游牧民族中，因为这首先取决于材料来源的便利与实际需求。牲畜类毛皮中有绒毛，细软而有弹性，坚韧耐磨，纺后可做织物。在南土耳其曾发现过距今8000余年前的毛织物残片。这块布因原有形状被炭化了，因而被原封不动地保存下来。经鉴定发现，这块毛织物的纤维表面光滑、粗细均匀，而且很少有粗糙起毛现象，居然和今天的粗纺毛料织物的密度一样。这说明在地中海一带不但亚麻织物起源早，毛织物也属先进行列。

早在新石器时代，中国牧区的原始部族群的人们，已开始用纺轮加工羊毛和其他兽毛来进行纺织了。1960年，青海都兰县诺木洪新石器时代遗址中出土一块毛布和一块毛毯残片。1平方厘米经线约14根，纬线6至7根，这表明早在4000多年以前，中国的毛纺织技术已具有一定水平。

古代安第斯山区中部拥有大量的可供取毛的家畜——骆马和羊驼。这两种家畜在古代美洲只有安第斯山区才有。骆马虽属驮畜，却浑身是宝。骆马毛既可用来制作绳索，又可作为织物的原料。而羊驼饲养的主要目的就是为了取毛，是当时织物原料的主要来源。除此之外，高原地区还利用野生骆马的毛，每年都在一定的时间内把它们赶到围好的区域，剪毛后再放掉。这样年复一年，骆马毛可以取之不尽。这种野骆马的毛呈淡褐色，毛质细软，光泽美丽。1927年，在秘鲁考古学家菲利奥·蒂约发现的帕拉卡斯文化期染织物中，既有羊驼和骆马绒毛做成的织物，又有夹着羽毛或人头发的各种纺织品。这些实物虽然从纪年上属于公元后遗物，但是这些地区在当时仍处于新石器时代生产方式之中。

三、印度和安第斯山区的棉纺织品

印度是棉花的原产地，这首先应该感激印度的地理环境，恒河流域的水土资源使印度人很早以前便开始种植农作物了。加之印度河和布拉马普特拉河从中国西藏发源，分别取相反方向环绕山脉而奔流，然后向南折入印度，将高原上的生土带到平原沉积下来，更为棉花的种植提供了绝好的条件。它们如同尼罗河和底格里斯河、幼发拉底河对埃及和美索不达米亚的慷慨馈赠一样，印度河与恒河也赋予了印度早期文化的辉煌。

新石器时代的文化遗址在印度斯坦（古印度）和印度德干高原地区均有发现，第一个高度发达的文明早在公元前3000年即已发端，而我们现在了解到的早期棉纺织品残片，就在古印度的莫汉交达洛遗址出土，这些棉纺织物品残片的年代，在公元前3000至前2500年。

南美洲安第斯山区中部是美洲大陆古代三大文明地区之一，主要包括现今的秘鲁、厄瓜多尔、玻利维亚和智利的一部分。据考古发掘，早在公元前8500年左右，这个地区就已经有人居住，也是以采集和狩猎为生。

有人这样认为，古代安第斯山区中部的农业较之墨西哥和玛雅地区更为先进。因此，在此居住的克丘亚族、艾玛拉族和摩其卡族等几个部族的人民，无须为粮食的生产花费过多的精力和时间。于是，他们能在耕种之暇去从容地发展复杂而细致的染织工艺，以至达到精益求精的地步。这点远非古代美洲其他地区可比。

古代安第斯山区中部最初的染织工艺大约出现在公元前2500年的雅卡·普里埃塔文化期。1946年，考古学家乔尼亚斯·巴顿在这个文化遗址的考察中曾发现了大量的棉布残片。从这些残片的情况看，雅卡·普里埃塔人尚未使用织机，完全采用人工编织的方法，在一根木棍上吊着经线，然后把纬线一根根穿进去，再相互挤紧。据记载，这种方法一直延续到公元前1200年左右才被织机所代替。当然，即使是所谓的织机，技术虽较以前更复杂，但所使用的设备仍然是很简陋的，不过是手工操作的辅助工具而已。它通常是用两根木棍构成，织匠在背部套上一条布带，身子向后靠，使木棍之间的线保持适当的绷紧程度，然后用手穿梭。

不仅这样，他们还能在棉纺织品上染出图案化的秃鹰、蛇、鱼、蟹和其他动植物形象。有的还穿插以几何纹样，并呈对称形式，颜色一般有红、黄、蓝等多种。古代安第斯山区中部在帕拉卡斯文化期内染织工艺十分兴盛。而且，由于帕拉卡斯半岛属沙漠地区，干燥的气候使这些易于损毁的染织品得到了长期保存。1927年，秘鲁考古学家菲利奥·蒂约在这里发现了一个地下墓葬，出土了多具木乃伊。这些木乃伊可能是当时重要的领袖或祭司，每一具上都用许多层漂亮的纺织品包裹着，最里面的一层是一块纯白色的棉质裹尸布，其中最大的一块竟宽达3.9624米，长达25.6032米，然后再在外面裹上一层又一层布条，其中就有染色棉布。

沿海中部地区的昌凯文化时期遗址中出土的染织品数量颇为惊人。其中还有蜡染、扎染等。到了印加文化时期，染织工艺又进一步发展。从印加时期保存下来的纺织物品来看，印加织工实际上已掌握了后来人类所使用的每一种织布方法。他们所织的布质地紧密，通常每平方厘米达100根纱，有的甚至达200根之多。

在这些织物上再进行刺绣，那优美的图案

中，除鱼、鸟、走兽外，甚至还表现了带有情节性的神话故事和手握权杖与首级的神的形象。蜡染纹样多呈四方连续形，排列较为紧密，也以动植物和神像为主要题材，间或夹以几何纹样，或以几何纹样做边饰。不仅如此，他们还在棉织物图案中夹金、银线或鲜艳的羽毛，以使其效果富丽堂皇。棉纺织品遍及世界各地，但在中国大约到公元后才开始在服装上广泛采用。

四、中国的蚕丝纺织品

中国是世界上最早发明养蚕、缫丝、织绸的国家。而且，从新石器时代开始以至后来相当长一段时间里，都是世界上独有的和先进的。

在新石器时代，织物中最美、最具吸引力，同时又最有独特性的就是蚕丝织物了。中国神话传说中，保留着两个影响较大的美妙故事，它们都在虚幻之中反映或记录了新石器时代早期的史实。一个是"嫘祖养蚕"，另一个是"马头娘"。据说嫘祖是西陵氏之女，轩辕氏之妻，也就是黄帝的元妃。甚至传说嫘祖是天上的先蚕，被天神派遣到人间教民育蚕的。

黄帝，介乎于人、神之间，在中国历史上是个举足轻重的人物。说黄帝为人者，认为黄帝是原始社会后期新石器时代的一位英明并且富有创造精神的部落首领，他统一了中原大地，同时发明了许多新鲜的事物，诸如文字、舟车、音律、医学、算术等。实际上黄帝很可能是创造中国文明的先人的集合名字。养蚕本也记在黄帝名下，或许因为后人发现养蚕缫丝多为妇女所从事，于是将养蚕的功绩同职责一起放到了嫘祖的身上。这说明，养蚕缫丝在中国至迟在新石器时代中期已经发明，因为到黄帝时养蚕业已经发达，并形成一定的规模了。这与汉代《礼记·礼运》中所记"昔者先王未有宫室，冬则居营窟，夏则居橧巢。未有火化，食草木之实，鸟兽之肉，饮其血，茹其毛。未有麻丝，衣其羽皮。后圣有作……治其麻丝，以为布帛"意思是一致的。同《魏台访议》所说"黄帝始去皮服布"的年代也大体相符。

另一个"马头娘"的传说，至今仍流传在东南亚一带。据《通俗编》引《原化传拾遗》记载："古代高辛氏时，蜀中有蚕女，父为邻人劫走，惟留乘马，其母誓言：有将父找回者，即以女许配。马闻言旋即驰去，父即乘马而归。自此马嘶不肯食。父知其故，怒而杀之，晒皮于庭。蚕女由此过，为马皮卷上桑树，化而为蚕，遂奉为蚕神。"高辛氏是黄帝的曾孙，这说明至迟至新石器时代中期，养蚕缫丝就成为中国人生产中的一项重要内容了。

除了历史上的传说以外，1926年，山西夏县西阴村的新石器时代遗址中发掘出半个蚕茧。茧长15.2毫米，宽7.1毫米。经推断，很像是原始人为了在取丝的同时仍可食蛹而有意切开的。在与"半个蚕茧"同时期的遗址中，几乎都有石制或陶制纺轮及陶纺坠等出土，也有尖长有孔的骨针。（图4-1）

另外，1958年，浙江吴兴钱山漾新石器时代遗址中出土了一批蚕丝纺织品，包括绢片（图4-2）、丝带和丝线，原料是家蚕丝。1959年，江苏吴江梅堰遗址中出土的黑陶上，纹饰中有形象鲜明的蚕纹，而且各处出土的蚕形玉件也很多。这些实物和纹饰更进一步证明了，中国以丝为织物是起于新石器时代的，至迟在公元前3000年。

图4-1 新石器时代纺轮
江苏六合程桥羊角山遗址出土。

图4-2 绢片
浙江吴兴钱山漾新石器时代遗址出土。

第五章

服装成形时代

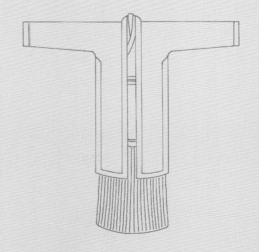

当人类将葛分离出纤维；将麻浸在水中以使其剥离、柔软（初期不脱胶，成片使用），然后将其劈成麻丝；将兽毛分拣、捋顺；将蚕茧水煮、缫丝；将棉花抽出纤维以后，又用自己独到的构思、灵巧的双手，将植物纤维、动物纤维纺成线，织成布，最后裁制成衣裳。这期间，衣服与佩饰进入了成形时代。这一发展的必然结果，标志着服装原有的简单的缠裹与披挂式宣告结束，佩饰原有的简单钻孔与磨光也已瞠乎其后。衣服与佩饰的真正成形，将服装史向前推进了一大步。

在服装史中，服装成形时代是一个短暂的阶段，它基本上相当于新石器时代晚期和青铜时代早期。当然，佩饰出现要相对早许多，或许也与佩饰材质易于保存有关。

一、早期服装款式和人为加工饰品

从目前发现的新石器时代晚期和青铜时代早期形象资料看，可以看出一些服装的早期模样，只不过当时的款式并不同于今日款式的概念。如早期的裙造型十分简单，然而种类多样：一类是以兽皮或一小块编织物围在腰间，垂在腹、臀部，这从古代岩画和现存原始部落中可以找到很多实例。（图5-1）苏格兰男人的花格裙、巴布亚新几内亚的草裙、中国明代男性劳动者套在长裤外面的短裙等，都属于这一类。

图5-1　法国南部克鲁马努岩画、洞壁画中的早期服装样式

图5-2　穿贯口衫的原始人
甘肃辛店遗址彩陶纹饰。

再一类是从上身沿着身体一裹，好像是披在身上，长及臀下，但没有袖子，腰间用带子一系，下面俨然是个裙子，连同上面的部分很像是今日的连衣裙。中国甘肃辛店遗址彩陶中，有几个散落的人形绘图，其整体着装形象与当代穿束腰连衣裙的形象非常相似。上半身有肩无袖，束腰，腰下渐阔，长及膝盖。由于这种裙装至今在边远地区少数民族甚至大都市中仍有穿着者，所以款式来源，或者说成衣方法可以得到确切的答案。（图5-2、图5-3）

第三类裙是胯裙。目前可以见到的早期胯裙形状，是古埃及王国艺术品上的形象描绘。胯裙是裙中的典型款式。（图5-4）

稍微复杂一点的胯裙，实际上是前有较宽一些的束带，它往往在腹前再系成一个略宽的垂饰。同这种衣服外形相似的是一块正菱形布块，在穿用时大概形成三角形，使其底边围在腹部，三角的顶点下垂于双腿之间，再用另外两角围腰系紧。这是在整个古埃及帝国时期一直沿用的服式。

这一时期的服装款式到底是怎样的，截至目前，我们只能从若干艺术品图像上获知一些形象。尽管这样，这些人类早期的服装式样间接资料仍是十分珍贵的，它为后人描绘出一个大致的服装款式图形，使得这一时期的服装史没有成为空白，我们可以将其归为服装成形的早期阶段。（图5-5）

同时需要关注的是早期的人为加工佩饰。在北京房山山顶洞旧石器时代遗址中，曾出土距今

图5-3　古希腊瓶画
　　约公元前5世纪希腊瓶画上表现的人物，上身穿编织型铠甲，下身着短裙。

图5-4　古埃及穿胯裙的老村长像

2万年前的饰品。从发现时散放的位置看，至少有一套应该是项饰。其中有钻孔的兽牙、海蚶壳、砾石珠、鲩鱼骨，还有刻出沟槽的鸟骨管。而且，钻孔的孔壁上残留着赤铁矿粉的痕迹，说明曾有穿饰品的带子，带子上曾涂抹赤铁矿粉以辟邪。（图5-6）

　　1966年，在中国北京门头沟东胡林村，发现了新石器时代早期的墓葬。在一个少女遗骸的颈部，有50多颗小螺壳制成的项链，在腕部也发现了用牛肋骨制成的骨镯。另外，山东大汶口出土的骨笄和骨坠，制作都很精巧。笄是盘发后用以固定的饰物，后来发展为簪子。骨坠常和石珠、玉珠一起穿成链式串珠，很显然是身上

图5-5　捕鸟图
　　高81.3厘米，第十八王朝，约公元前1400年至前1350年，干壁画，埃及底比斯尼巴蒙墓出土，英国伦敦大英博物馆藏。

图5-6 原始人的项饰
北京山顶洞人遗址出土。

佩戴用的饰件。除了骨笄以外，中国新石器时代遗址中还曾出土绿松石笄和蚌笄。同时期的耳饰，更是五花八门，最为广泛使用的就是玉石或玛瑙做成的玦。

据陕西人民美术出版社于1987年出版的《非洲和美洲工艺美术》（作者张少侠）记载，古埃及原始人类，由于受到巫术思想的支配而盛行佩戴具有护身符意义的装饰品。巴达里人无论男女老幼都在颈、臂、腰、腿上挂着由珠子和贝壳所做的项链或带子。法雍人也佩戴着从地中海和红海捡来的贝壳，以及从撒哈拉沙漠采来的天河石所做的珠子。当天然贝壳不便取得的时候，又随着对自然物加工手段的提高，便有了在金银宝石等原料上巧施技艺的佩饰品。

二、主服的三种形态

服装由无形到有形，当然不是在一朝一夕突然实现的。可是，无论其雏形期经过了多么漫长、艰苦的历程，当它已经具备雏形以后，再发展就显得迅速、从容多了。

至服装成形时代，已明确有了上下分装的形态。那就是上衣护住胸背，不管有袖还是无袖，都有一个圆洞形的敞领，有了肩，同时有了开襟的形式。这种开襟可以从胸前正中开，也可以在一侧腋下开，还可以斜着使前襟成三角形，以一角向后裹去。总之，类同今日概念的坎肩、背心、马甲出现了。而腰下以一块布横裹护住腹、臀部的服装，也基本上有了一个比较恰当、适用而且通用的长度，那就是最短也要垂至耻骨以下，再长可到膝上、齐膝、膝下、踝骨甚至曳地。这种被称作裙子的下装，也由单纯缠裹过渡到筒状，如从头上或脚下才能穿起来的式样，从而开始有了可以称得上成形的衣裳了。

1.贯口式服装

贯口式服装在中国很早的时候就出现过。如甘肃辛店遗址彩陶上散落的人形，就基本上可以肯定是穿着贯口式服装。这种以一块相当于两个衣长，同时幅宽足够使人体活动的衣料，中间挖洞，将头从中伸出的服式，在北美印第安人披肩和日本人早期服式中，都可以得到印证。（图5-7）

在此之后，就要在挖洞时讲究领形了，按穿用者颈项的围长，裁出一个相等的、规则的圆洞。再由这孔洞正面的下缘开始，直到胸前下方的中央部位，剪开一道缝隙，这标志着领形的确

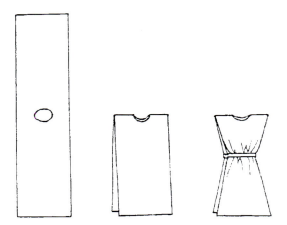

图5-7 贯口衫裁制示意图

图5-8　原南斯拉夫瓦切哈尔斯塔特时期贯口式服装

立。这种贯口式服装，应该说仍然是对于动物表皮的模仿，它穿起来四周宽松，长可前后曳地。两臂之下已经被缝合起来，无疑等于确立了整体服装的形象基础。（图5-8）

贯口式服装由于套在上身，即使没有腰带也可以固定在肩上，不致脱落。贯口式服装自成形以来，一直被作为一种简易式衣服样式被保留着、应用着，直至如今的圆领汗衫、睡衣、日本厨衣和儿童饭单及夏季穿的小绸衫，实际上仍然是贯口式服装基本形的发展。这也说明，这种形态是人类根据自身需求自然而然地制作出来的。

2.大围巾式服装

大围巾式服装，意指以一块很长的布料，将身体缠裹起来。其布料形似大围巾，而前缠后绕以后竟会出现一个完整的着装形象。其最后成立的整体着装形象，直接与固定缠绕效果的金属饰件有关。这种服装自成形以来，延续时间也很长。从古埃及开始，经由苏美尔、亚述，直至希腊、罗马，始终保持着基本形，今日印度的纱丽仍属于这种大围巾式服装一类。

大围巾式服装的缠裹程序不一样，有的很简单，用"布"也节省；有的则较为复杂，但成形后式样很优美。

复杂的大围巾式服装，则在复杂的缠绕之中体现了一定的艺术性。这种式样的缠绕程序可以是这样的：一块布料仍然从右侧乳房开始向后缠绕，由左臂下方折回，使布料两端在胸前中央结合。同印度的裹布装束一样，上端边缘结成紧凑的一组褶裥，再用饰针或者不易看见的小皮带系牢。这时，布料仍在左臂下方，沿后背缠绕身体一周，接着拉紧向右肩，至此，打成时髦的褶纹而固定下来。在腰部下方，将布料再翻转起来，让其饰边露在外面，贴近胸前，然后将衣服边绕过颈项，再通过左肩，与开始的一端接合，将两端同时系紧在胸前左侧。（图5-9至图5-13）

从公元前3000年起，人们将底格里斯河与幼发拉底河河流冲积而成的"肥沃的月牙洲"称为苏美尔，当时的定居者就被称为苏美尔人。苏美尔人的早期服装同古埃及人的一样，也是这种大围巾式服装。有的缠一周，有的缠几周，其端头较宽，由腰部垂下掩饰臀部。

图5-9　古希腊人的大围巾式服装

图5-10 米洛斯的维纳斯
古希腊，（传）亚历山德罗斯，大理石雕塑，约公元前100年，法国卢浮宫藏。

图5-11 希腊雅典国家学院大楼前的苏格拉底雕像

图5-12 绘画作品《荷马礼赞》中的大围巾式服装
法国，让·奥古斯特·多米尼克·安格尔，1827年，油画，法国卢浮宫藏。

中外服装史

图5-13　公元前1世纪的雕像细致地刻画了复杂的大围巾式服装

图5-14　戴兀鹫头饰的古埃及王后

在众多的大围巾式服装式样中，也有对称式的，即不象以上所涉及的那样露出一侧肩、臂。经过实际操作验证，用这样的围巾缠在身上，必须要有相应的固定饰件或其他恰当手段。直至巴比伦第一王朝，这种服装还被沿用着。当时画面中所绘的国王，即是身穿白色短式裙，左肩有白色的折叠"围巾"，交叉于背后，再从右臂上来，最后固定于左上臂。

从大围巾式服装的缠绕方法来看，这种衣服式样已经初步定型，不但呈现出一种特有的优雅姿态，而且有了一套有规律的缠绕程序和模式。

3.上下配套式服装

着装形式中的上下配套式服装，意味着一身衣服要由上下两件构成。这就等于说，上衣成形的基础要符合人的上半身形体和动态需要，下装成形的基础是要符合人腰以下肢体的特征和动态需要。这些决定了服装能伸出头部，分开四肢。因此，上衣最少要有领、肩、袖等部位，下装则要能固定在腰间，无论是将两腿合为一体（裙），还是分而置之（裤）。在服装成形时代，上衣的成形趋向不是单一的，较之下装要丰富一些。主要有以下三种：

第一种是典型的有肩、有袖形上衣，成形于埃及王国第三至第六王朝。这种上衣在当时或许只限于非重体力劳动妇女穿用。（图5-14、图5-15）可以想象，在埃及那种燥热的气候条件下，劳动时还是穿无袖上衣更为便利，因而那种有袖的上衣，实际上就是妇女的盛装了。

第二种是大围巾式长衣和贯口式长衣缩短成形。埃及帝国时期服装的特点之一，就是上衣和下装的结合。（图5-16）除了以上提到的有肩、有袖、开襟式上衣外，长于裙的贯口式上衣，呈横褶波纹，也是十分流行的。有时这些上衣呈半透明状，轻盈、细腻。那些下身穿直筒长裙的妇女，仅以一条宽大的围巾在上身作简单的修饰，也形成了一种实际上的上衣。

图5-15　门卡乌拉及其妻子
　　高138.4厘米，第四王朝，约公元前2490年至前2472年，硬砂岩，埃及吉萨出土，美国波士顿博物馆藏。

图5-16　安东尼王朝雕像上显示更为成熟的大围巾式服装

　　第三种典型上衣成形，区别于前两种。相比之下，呈现出封闭的趋势，那就是中国商代时已完全成形的交领上衣。周代传世的玉人立像，即穿着一件交领上衣。（图5-17）上衣底襟系在下装里面。侯家庄西北岗墓跽坐的人像，也是穿着交领上衣。

　　下装主要为裙，其次为裤。裙形也可分为以下三种：

　　第一种胯裙。它短而下敞，一般裙长在胯下至膝中，少数在膝下，裙外形轮廓呈正三角形。（图5-18至图5-20）

河南安阳殷墟出土，美国哈佛大学费格美术馆藏。

此玉雕立像其衣作交领，头戴帽，腰间系有一韠（蔽膝）垂下。韠系于束带，韠形下角作弧形。

图5-17 佩韦韠的男子（周代传世玉雕）

图5-18 古埃及胯裙逐渐走向多样

第二种下装裙形在埃及早期王国时期也已形成，这种裙身紧紧贴在人体之上，最上边缘都在腰部以上，大多以一条或两条宽形挎带挎在肩上，不在腰间固定。从腰缘到下摆呈直角状，直至膝下小腿肚中部或踝骨处才收边。其主要特点是长而窄瘦，紧裹躯体，裙腰边缘上至腋下或腰上，裙下缘到踝骨或略上。这种在埃及王国时期成形的裙式，至苏美尔人统治美索不达米亚时又有所发展，如使裙料上端在后背左侧相交叉，然后再由3至5个扣结固定下来。

第三种下装裙形，是以柔软的布料做成宽大的外形。裙长一般拖地，也有的只到踝骨处。这种裙形的肥瘦程度以及长度成为典型的古典裙装，中国乃至东亚一带和欧洲的古代裙形中有不少属于这一种。它的主要特点是肥且大，下摆外敞，至脚面。裙腰大多固定在腰间。（图5-21）

除了裙子以外，下装还有将两条腿分开的裤子。从人类服装的自然发展情况来看，这是合乎常规的。因为最初以树叶或兽皮缠裹时，最便当的就是将腰至两腿处都裹在一起，而当开始考虑到两腿需要分开活动、要各伸入一个服装部分时，下装的外形就走向复杂与成熟了。裤子成形于何时，历

图5-19 古埃及萨卡拉墓室壁画

图5-20 古埃及纳克特墓室壁画 美国大都会艺术博物馆藏

图5-21　典型的中国女裙
　　《湘君湘夫人图》，明，文徵明，故宫博物院藏。

来说法不一。有一种说法认为史前文化期间，俄罗斯人在寒冷的冬季就曾穿着皮裤。在前文提到的布兰奇·佩尼的《世界服装史》中，认为历史上出现的最早的、完整的分腿裤子，而且裤管刚好拖至平底鞋上方的裤形，是波斯人对服装所做的历史贡献。佩尼认为，产生裤形的主要原因，是由于波斯人居住在崎岖不平的山乡，习惯于骑马狩猎，他们最先用动物毛皮做服装，这就必须将皮衣弄成适合遮体的形状，如此适于保护双腿并便利打猎等活动的裤形就出现了。（图5-22）

图5-22　公元前600至前300年的裤装形象
　　沙卡·梯格拉索达出土。

图5-23　持蛇女神克诺索斯　克里特岛早期雕像上精致的服饰形象

高34.3厘米，约公元前1600年，彩陶，克里特赫拉克来恩考古博物馆藏。

据目前确切资料而言，中国在商代已经有了分腿的裤子，这从商代玉雕人物上可以得到证实。当然，这仍然不能说是裤子成形的上限年代。如此看来，裤形与裙形成形时间基本上差不多。有了这种下装形并被人穿用，说明裤子从此作为一种服装形态出现了。

三、首服、足服与佩饰

首服最初成形之时，一种是戴在头上的帽子，一种是裹在头上的缠头布。首服样式五花八门，其形成期在世界各地也参差不齐。不过可以这样说，服装成形的这一历史时期中，首服也已进入成形阶段。（图5-23）

相对于首服来说，人类穿着服装的早期，还未顾及脚。古埃及人直到帝国时期穿用鞋袜时足服才显得重要。但是，尽管在有关雕像上发现了古埃及在公元前2000年的拖鞋，实际上远未达到普及的程度，因为所有的人包括王室贵族，大

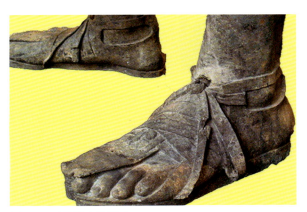

图5-24　古罗马人的鞋子

都是赤脚出现在众人面前的。

据推断，最原始的鞋是用雪松树皮或棕榈树树皮做成的"拖鞋"，有时也用柔软的山羊皮做鞋。（图5-24）后来才出现向上翘起的尖头鞋，这大概是受到来自东部地中海区域的影响。然而，在我们所划定的服装成形时代中，东亚中国人的足服，不但很早成形，而且早期即出现多种式样，考虑到多种用途了。客观地考察中国早期足服，会发现在相当于这一时期出土的人像上，绝少见到赤足者。而且，由于当时工艺水平低下，加之重视不够，足服部分的历史踪迹往往不太清晰。这就为我们论述足服成形带来一些困难。不过，在商代以后的古籍中，对足服的描述和记录还是非常详细和形象化的。就此可以认定，足服出现比主服要晚，但成形时间几乎是同时的。

尽管足服发展的进度在世界上不一致，但可以这样认为，足服在寒冷区域中出现较早，在炎热潮湿的地带出现较晚。还可以初步认定，足服之初，鞋与袜是一体的。鞋成形以后，袜子也独立成形了。

至于佩饰，其概念并不只是人身上的佩饰品，也不只是整体服饰形象上的点缀物。佩饰是人的服饰形象的重要组成部分，上至头簪、发钗、手镯、指环、胸结、腰链，下至脚镯、鞋花等，都属于佩饰之列。（图5-25）佩饰的成形也有一个发展过程，自远古的贝壳、兽牙项饰到服装成形时代，其基本形也已确定。而且，比起服

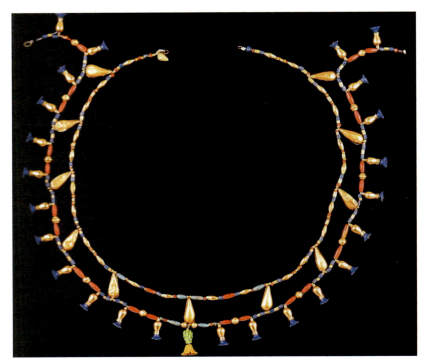

图5-25　约公元前1330年埃及十八王朝时期的项链

图5-26　创作于公元90年的肖像上的精美假发
传为罗马皇帝提图斯的女儿茱莉娅。

装来，佩饰成形之后的变化要相对稳定，诸如假发、耳环、手钏乃至腰带等，从成形以来基本形态未出现大的变动。只是由于质料和人的审美观念的变化，后世造型比前代更为丰富多彩。

埃及古王国时期，假发已成为服饰形象中相当重要的一部分。由于当时的古埃及人早已养成讲究清洁卫生的习惯，并有了衡量清洁与否的完美标准，所以讲究剃须修面，男女皆剪去头发，有时男子剃光，女子剪短。但剃去头发后并不总是裸露着，为了在室外时防晒和在室内时保持尊严，古埃及人普遍戴上了假发。这些假发的质料不都是人的头发，有些是用羊毛，有些则是用棕榈的纤维制作的，然后再用网衬加以固定。这在希腊、罗马的古雕像上有真实的反映。（图5-26）

在古老的中国，除了犯人以外，人们没有剃发习惯，女性又以浓密、乌黑的头发为美，所以只得用犯人的头发来补充自己发髻的不足。从汉代墓葬中出土的假发实物看，汉代人已经用黑色的丝线充当假髻，这说明犯人头发是远远供不上需求的。

很早以前，古埃及人就同项圈等饰件有密切关系。在王国早期墓葬出土物中，有一串串小贝壳，有亮晶晶的带色小念珠，还有雕琢成圆形或长方形的水晶石、玛瑙和紫石英等。项圈的外形，可以说是整个古埃及历史上的典型标志。

中国公元前3000年至前2000年的彩陶人形器皿和陶人像上，都很清楚地显示着在耳垂部有穿成的耳孔，耳环和项饰等也频频出土。这说明金属、宝石饰件有可能比服装成形期要早，至少这一阶段不是佩饰成形的上限。

第六章
服装定制时代

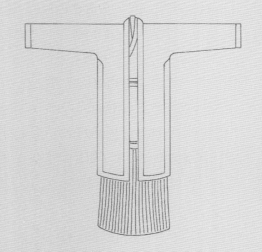

本章的定制之"制"，特指有关着装的惯制与服装制度。

服装史上的惯制，一方面指人们在经过一段时间的服装创作摸索以后达到服装成形，而成形以后，又逐渐形成一套在各区域、各层次约定俗成的服装穿戴习惯。

另一方面，国家制度中有服装制度，也就是说，服装形制被规范化，直至形成被政令明文规定的衣冠制度，诸如西方国家的"节约法令"。中国自周代开始，历代都有对于舆服的规定，以至在"二十五史"中从《后汉书》开始有十部设置《舆服志》专目，以强调车马仪仗和服装制度在国家秩序中的重要性。这一阶段相当于公元前11世纪至前3世纪。即中国从商代末年，经西周、春秋、战国、秦而进入西汉。美索不达米亚、亚述王国的版图已由波斯湾延伸到地中海，再向南伸向埃及，处于势力强大期，而后由波斯人取得亚述一大片国土的统治。在欧洲，即是从丹麦青铜器时代、克里特岛文明鼎盛期、古希腊艺术繁荣期到罗马皇帝君士坦丁将首都东迁以前。在此期间，文化比较发达的国家，服装已经形成惯制，或被列入国家制度之中，以致形成该区域或文化圈内的服装传统，成为后代继承的模式。

需要说明的是，服装史从这时已经显示出人类在积极地赋予服装全方位的文化表征，而不再单纯地作为穿戴在身上的衣服、佩饰，也不仅仅是民俗仪式中的精神代用品了。服装定制意味着服装与国家制度、社会文化紧密地联系在一起。从此，服装与政治、经济、宗教、文化、艺术息息相关。服装的含义逐渐丰富、深厚了。

一、中国周代的服装制度

古老的中国在夏、商、周三代时，正是汉民族文化奠基并走向成熟的时期。这种体制一直延续到汉代并形成规模。其中，周王朝所确定的礼仪赋予后世重大影响。

国家政权的确立需要一种等级制度，当时的统治者希望以此来达到一种稳定的秩序。随着土地所有制的变化，中国在西周时期等级制度已经非常明确。但是，需要以什么来标明并强调这种等级差别呢？于是，统治者的注意力集中到服装上来，服装可以起到一种"别上下，辨亲疏"的特殊标志作用。从此，贵贱有差，尊卑有别，上自天子公卿，下及二庶百姓，在衣着上都被规定出一套完整的体制与礼法，任何人不得僭越。

在制定这些服制时，依据什么去彰显帝王百官的威严，以对外威慑诸邦、对内约束百姓呢？如果没有一些可以令当时人信服的依据，是很难起到这种作用的。当时的人认为黄帝、尧、舜统治天下时，天下太平、耕作有序，是因为他们顺乎了天意和民意。黄帝、尧、舜穿着的衣服是上衣下裳，主要是象征乾坤秩序。服饰形制顺从这种意向，社会才不会发生纷乱。这种秩序在以后发展为"天道""天理"，并延伸到人世间的君臣、父子、夫妇身上。乾坤显然是中国人所追求的秩序的原本模式，也是中国服装制度起源的主要依据。中国人按照自己对宇宙的认识和理解，设计出一系列"合乎天意"的服装，这些服装被后代长期沿用而且有增有减，一直到民主制诞生，才随着封建制退出历史舞台。

1. 天子公卿冕服形制

冕服是服装制度中的重要内容，从孔子"服周之冕"来看，周代冕服制度十分规范。从最典型的形制来分服饰种类，即包括冕冠、上衣下裳、腰间束带，前系蔽膝、足蹬舄屦等。（图6-1）

头戴冕冠，这是帝王冕服的最大特征，其具体形制，主要是冠顶一块平放的木板。据汉代叔孙通撰《汉礼器制度》中所讲："周之冕，以木为体，广八寸，长尺六寸，上以玄，下以纁，前后有旒。"这块长方形木板被称之为綖板，上面黑色，下面绛红色。綖板前端略圆，后部方正，

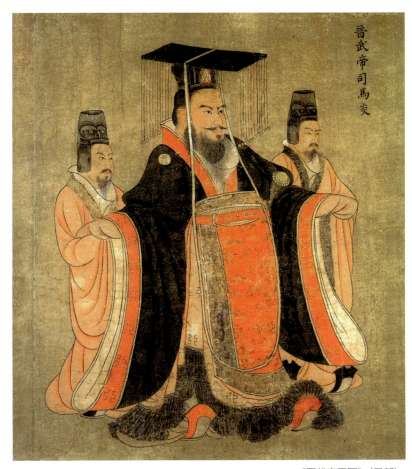

以隐喻天圆地方。戴起来时，前方比后面略低一寸，以提醒君主俯就之意。

綖板的前后两端垂以数条五彩丝线编成的"藻"。藻上穿以数颗玉珠，名为旒。一般为前后各十二旒，但根据礼仪轻重，官职大小，也有九旒、七旒、五旒、三旒之分。每旒多穿玉珠九颗或十二颗。其中以十二旒为最贵，每旒十二颗玉珠，专用于帝王。綖板之下的冠两侧各有一个小孔，冠戴到发髻上以后，要以笄从一侧小孔穿进，穿过发髻，再从另一侧小孔伸出，以固定冠体，免得歪斜坠落。在玉笄的顶端，结有冠缨，名"纮"，使用时先绕过颌以下，再上提固定在笄的另一端。

冠的两侧，再垂下两条丝绳，名"纩"，天子诸侯用五色，人臣则用三色。在纩的末端，即耳部附近，各系一颗玉珠，名"瑱"，又名"黈纩"，也有叫"充耳"的，天子用玉，诸侯用石。这种玉珠悬挂于耳边，意在提醒戴冠者不要听信谗言。连同綖板的前低俯就之形都含有规劝君王仁德的重要意义。

冕服多用玄衣而纁裳。玄衣，指黑颜色的上衣；纁裳，指绛红色的下裙。上衣下裳取之于乾坤。玄衣纁裳意义在于：上以象征未明之天，下以

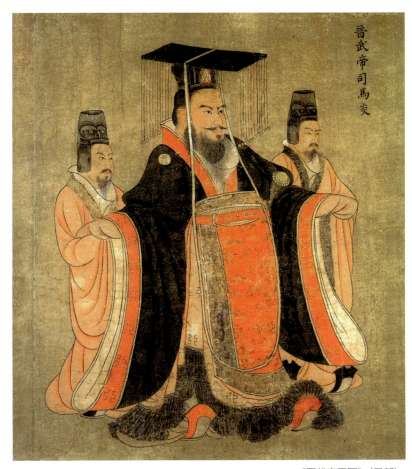

《历代帝王图》（局部）
阎立本（唐）
全图纵 51.3 厘米，横 531 厘米。
美国波士顿美术博物馆藏。

图6-1　皇帝冕服参考图
摹唐阎立本《历代帝王图》中晋武帝司马炎，彩图中人物为周武帝。

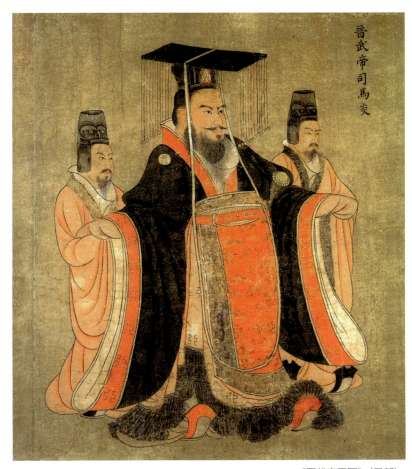

表示黄昏之地。上衣纹饰一般用绘，下裳纹饰一般用绣。绣绘的手法也因纹饰内容不同而有所区别。

《尚书·益稷》中记："予欲观古人之象，日、月、星辰、山、龙、华虫，作会；宗彝、藻、火、粉米、黼、黻，绘绣，以五彩彰施于五色，作服，汝明。"其含义是：绣日、月、星辰，取其照临之意；绣山形，取其稳重之势；绣龙形，取其应变之能；绣华虫（雉鸟），取其文丽之容：绣宗彝，取其忠孝之道；绣藻，取其洁净之本；绣火，取其光明之源；绣粉米（白米），取其滋养之恩；绣黼（斧形），取其决断之气；绣黻（亚形或两兽相背形），取其明辨之思。以上纹饰被称为十二章，除帝王在隆重场合穿着以外，其他可以根据级别、场合而相应递减。（图6-2）

腰间束带，带下佩一块长方形皮子，被称为"芾"，或"蔽膝"。蔽膝初为遮护生殖部位，后来演变为礼服的组成部分，纯为保持贵者的尊严了。

《周礼·天官·屦人》云："屦人掌王及后之服屦，为赤舄、黑舄、赤繶、黄繶、青句、素屦、葛屦。"身着冕服，足登赤舄，诸侯与王同用赤舄。三等之中，赤舄为上，白、黑为下。王后着舄，以玄、青、赤为三等顺序。舄用丝绸作面，木为底。《古今注》讲："舄，以木置屦下，干腊不畏泥湿也。"似为复底。屦为单底，夏用葛麻，冬用兽皮，适于平时穿用，也可配上特定鞠衣供王后嫔妃在祭先蚕仪式上专用，屦色往往与裳色相同。

2. 王后贵妇礼服规定

《周礼·天官·内司服》中称："掌王后之六服：袆衣、揄狄、阙狄、鞠衣、襢衣、褖衣。"这说明周代不仅有掌管帝王服装的"司服"官职，而且还有专管王后服装的内司服。一般来说，与之相配的还有大带、蔽膝及黑舄。鞠衣，在后妃贵妇中穿着十分普遍。每年三月，王后要

图6-2 十二章纹饰：日、月、星辰、山、龙、华虫、宗彝、藻、火、粉米、黼、黻

图6-3　河南打虎亭汉墓壁画上疑为"副笄六珈"的图像

亲自出面主持祭先蚕的仪式，届时即穿鞠衣。各地的命妇出来祭祀先蚕时，也穿鞠衣。九嫔、卿妻还可穿着它用于朝会。鞠衣为黄绿色，其色如初生的桑叶。穿着时，配套的蔽膝、大带、袜、舄等均随衣色。其中最有特色的是头上装饰为"副笄六珈"。这四个字在《诗经》等古籍中屡屡出现，但图像遗留很少且不太清晰。（图6-3）

周代礼服名目繁多，除衮冕之外，还有几种在特定场合穿着的冕服，并有弁服、深衣、袍、裘及副笄六珈等。冕服制度自西周以来，历代帝王有增有减，直至与封建王朝一起消亡。

二、春秋战国的深衣与胡服

春秋战国时期，中原一带较发达地区涌现出一大批有才之士，他们在思想、政治、军事、科学技术和文学上造诣极深。各学派坚持自家理论，竞相争鸣，产生了以孔孟为代表的儒家、以老庄为代表的道家、以墨翟为代表的墨家以及法家、阴阳家、名家、农家、纵横家、兵家、杂家等诸学派，其论著中有大量篇幅涉及服装美学思想。儒家提倡"文质彬彬"，道家提出"被褐怀玉"，墨家提倡"节用""尚用"。属于儒家学派但兼受道家、法家影响的荀况强调"修冠弁衣裳，黼黻文章，雕琢刻镂皆有等差，是所以藩饰之也"。法家韩非子则在否定天命鬼神的同时，提倡服装要"崇尚自然，反对修饰"。《淮南子·览冥训》载"晚世之时，七国异族；诸侯制法，各殊习俗"，比较客观地记录了当时论争纷纭、各国自治的真实情况。

深衣是春秋战国时盛行的一种特色服式。《五经正义》中记："此深衣衣裳相连，被体深邃。"具体形制，其说不一，但可归纳为几点，如"续衽钩边"，不开衩，衣襟加长，使其形成三角绕至背后，以丝带系扎。上下分裁，然后在腰间缝为一体。因而上身合体，下裳宽广，长至足踝或长曳及地。一时男女、文武、贵贱皆穿。（图6-4）《礼记》中专有《深衣》一篇，详细记述了深衣所代表的儒家思想。深衣多以麻布裁制，腰束丝带称大带或绅带。后受游牧民族影响才以革带配带钩。带钩长者盈尺，短者寸许，有石、骨、木、金、玉、铜、铁等质，贵者雕镂镶嵌花纹，是当时颇具特色的重要工艺品。《淮南子·说林训》载："满堂之坐，视钩各异。"已显示出这种佩饰的普遍性和工艺装饰的独具匠心。（图6-5、图6-6）

胡服是与中原人宽衣大带相异的北方少数民族服装。胡人，是当时中原人对西北少数民族的贬称，但在讲史时，必须尊重历史。所谓胡服，主要特征是短衣、长裤、革靴或裹腿，衣袖偏窄，便于活动。赵国第六个国君赵武灵王是一个军事家，同时又是一个社会改革家。他看到赵国军队的武器虽然比胡人优良，但大多数是步兵与兵车混合编制的队伍，加以官兵都是身穿长袍，甲靠笨重，结扎烦琐，而灵活迅速的骑兵却很

《人物龙凤图》

纵 31.2 厘米，横 23.2 厘米。

1949 年湖南陈家大山楚墓出土，湖南省博物馆藏。

此为随墓而葬的铭旌。画上人物是墓主肖像。图中妇女为方额平梳，后垂发髻，服饰为长衣拂地，袖口用斜纹装饰，是位贵族妇女。

图6-4 穿曲裾深衣的妇女

摹《人物龙凤图》局部。

少，于是想推广穿胡服、学骑射。《史记·赵世家》记，赵武灵王与臣商议："今吾将胡服骑射以教百姓，而世必议寡人，奈何？"肥义曰："王既定负遗俗之虑，殆无顾天下之议矣。"于是下令："世有顺我者，胡服之功未可知也，虽驱世以笑我，胡地、中山吾必有之。"后仍有反对者，王斥之："先王不同俗，何古之法？帝王不相袭，何礼之循？"于是坚持"法度制令各顺其宜，衣服器械各便其用"。果然赵国很快强大起来，随之，胡服的款式及穿着方式对汉族兵服产生了巨大的影响。成都出土的战国采桑宴乐水陆攻战铜壶上，即以简约的形式勾画出中原武士短衣紧裤披挂利落的具体形象。（图6-7）从军服影响到民服，这种服装成为战国时期的典型服式。

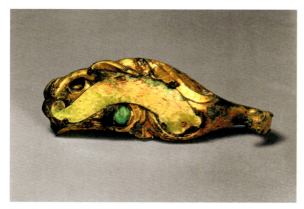

图6-5 镶玉石鎏金青铜带钩

《淮南子·说林训》载"满堂之坐，视钩各异"，说明贵族对带钩的重视和带钩样式的丰富。

图6-6 嵌玉镶琉璃鎏金银带钩

此为魏国显贵用品。带钩用在腹部正中，既能显示地位，又可体现品位，自然尽可能华美新奇。

《战国采桑宴乐水陆攻战铜壶纹饰》

四川成都出土，故宫博物院藏。

青铜壶上的妇女画像当为着窄袖曲裾长衣，内着有折褶的裳。男子戴冠，着长及膝的上衣，束腰。

图6-7 穿短袍的武士

摹战国采桑宴乐水陆攻战铜壶纹饰局部。

三、地中海一带的等级服装

环绕在地中海的国家，曾在人类文明史上占据领先地位，其中尤以埃及的帝制成熟最早。因此，就服装来讲，作为等级区分的标志体现，依然首推埃及服装。埃及远在服装史的服装定制时代前大约2000年的时候，就已经有了象征权力的高冠。自此以后，古波斯的王冠和诸王后的饰件等，都体现了这种等级服装在各个国家政治生活中的重要性。它特别集中在这一历史时期大量出现，证明了服装定制是人类社会发展的必然结果，带有一定的客观印迹。

1.国王及重臣服装

据传，第一个统一上下埃及的人叫纳尔莫，他有权享用两顶王冠，那就是上埃及的白色高大的王冠，外形很像一个立柱；下埃及的红色平顶柳条编织的王冠，冠顶后侧向上突起，也呈细高的立柱形。

从被认定为纳尔莫的画面服装形象来看，这个身居国王地位的人，衣服与百姓相差无几，也是以布料缠身，腰下部着类似胯裙形式。但是他身上系扎的腰带却是带有明显的王服特征。腰带有四条念珠连缀的下垂装饰，每条垂饰上端有一个带角的人头，这是埃及女神海瑟的象征。纳尔莫腰后侧方还垂吊着一条雄狮的尾巴，一直拖到足踝部。最初它显示着王者的杰出才能和本领，自纳尔莫以后历代王朝的君王，无不佩戴这种雄狮长尾，以作为最高级权力的特有标志。

纳尔莫由于佩戴两种王冠的完美结合形式，被称为"神灵的化身"。神圣的伏拉斯神安详地立在国王王冠的正前方，成为国王掌握生杀大权的象征，也是为国王自身驱邪除恶的守护神。当时的国王被看作是埃及霍鲁斯神的儿子，后来又被当作埃及太阳神大拉的儿子。因此，历代国王都被认为是诸神中的一位。只有国王才有特权佩戴诸神形象的装饰。在这些装饰中，有代表埃及神阿门的两根直竖的羽毛，有代表埃及主神奥希

图6-8 欧洲版画上的亚述王服饰形象

图6-9 亚述人的人物服饰形象

雷斯的卷曲了的鸵鸟羽毛，有代表科纳姆神的公羊角，有代表太阳神大拉的红色圆球面。所有装饰这些诸神形象的王冠，后来都被人们称为"诸神的桂冠"。（图6-8）

帝国时期的国王，有时穿着专门的蓝色铠甲临朝登殿，以向众人显示国王的威严和权势。蓝色的铠甲里面，穿着羽毛式胯裙或类同其他王室成员的较长裙衣。几条索带从前身衣襟中伸出来，在腰间缠上几周，最后牢牢地系在身前。这些索带光泽耀眼，装饰华丽，上面有打褶的皱纹，好像神圣的雄鹰极力张开双翼，在保佑国王天下无敌。不仅如此，国王整体着装形象中还有其他象征权力的随件，如曲柄手杖和梿枷等象征着他对耕田者的统辖。（图6-9）

在克里特岛的壁画中，有一位被认定是国王的着装形象，格外引人注意。国王的彩虹色石英王冠上，插着三片羽毛，分别为红玫瑰色、紫色和蓝色。较大的一串项链镶有百合花式的花纹。红、白两色的腰带上方有一个很粗的蓝色卷套。他的胯裙很小，部分呈切开状态，后侧则露出一条长长的饰带。

著名的历史人物——罗马恺撒大帝，从称帝为王开始，一直穿着同一种款式的长袍，以至这种虽属人民大众普遍穿用的基本服式，却一度成为名副其实的帝王服装。它满身都是宽褶，自然地产生出一行行很深的凹沟，腰间饰有一个被称为"安博"的荷包袋，双肩饰有层层叠起的凸露皱褶。（图6-10）只有帝王才有权穿用紫色的宽松长袍。这种泰雅紫，不仅是最奢华的颜色，同时也是各种艳丽色彩之首，因而无疑成为帝王服装的主要色调。

帝王穿用的紫色宽松长袍，到底是采用什么纤维织成的呢？经欧洲服装史论家推断，是用最细腻、最轻软的羊毛制成的，或是用羊毛和丝混纺的面料做成的。人们认为后者的可能性较小。羊毛和丝在当时是很少在一起混合纺纱或混织

图6-10 欧洲版画上的罗马皇帝服饰形象

图6-11 罗马帝国开创者屋大维戎装像

图6-12 托着祖先头像的男子
高约165.1厘米，公元前1世纪晚期，大理石，意大利罗马卡皮托利尼博物馆藏。

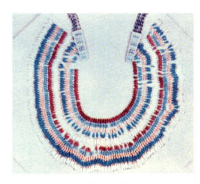

图6-13 古埃及串珠项饰

的，因为这两种动物纤维的性质（长度、弹性、缩水率）并不容易一致。长袍表面布满了金丝刺绣，这在刺绣服装已经出现的当时当地，作为至尊至贵者外衣装饰还是很自然的。（图6-11）

国王之外的王室或贵族的其他成员，可以穿用紫色镶边的白色外袍。如果普通人想穿着这种标志特殊身份等级的紫边白袍，除非争做元老院的议员或其他高级官员，否则根本不可能获得穿用的权力。而罗马的平民百姓只能穿白色外袍。后来白袍就成了罗马普通百姓的标志了。（图6-12）

罗马帝国的皇帝，大都有华丽的王冠，而且王冠上大都饰有金质的月桂树叶拼制的花环。尼禄大帝的王冠，是一顶金光闪闪的珠宝桂冠，庄重豪华。他认为只有这样，他的王冠才可以和太阳同放光芒，共发异彩，以此达到他可以和日月争辉的理想。海利欧格巴拉斯大帝是第一个佩戴珍珠王冠的人。他戴着一顶镶有三串珍珠的环形桂冠，每一串珍珠都由一块宝石连接固定于正前方。蒂欧克莱娄大帝的王冠，镶有一个较宽的金箍，金箍上再镶嵌上无数的珍珠宝石。这个王冠竟成为后来很多王冠的参照模式。

图6-14　约公元前300年至前200年的希腊饰有酒神女祭司头像的金耳环

2.王后及贵妇服装

在古埃及中王国时期，标志王后权威的头饰是一只兀鹫的形象。兀鹫被塑造得安详端庄，双翼展开垂下，紧紧地护卫着王后的头部，并一直贴到前胸。尾羽略短，平行并向上翘。相传，王后的兀鹫头饰是国王外出时对王后赋予的神灵保佑，也是远离家门的丈夫赐给妻子的护身符。至于王后、贵妇的首饰，可谓繁复有加且美不胜收，可见埃及的手工艺水平在世界早期工艺中是名列前茅的。（图6-13）

芝加哥大学东方学院收藏的阿莫斯·诺佛雷特利王后的雕像，为我们研究西方服装提供了资料。阿莫斯·诺佛雷特利是埃及第十八王朝的第一位王后。她的服装表面有鳞状图案，看上去很像是层层叠叠的羽毛布料。是将羽毛贴附在布料之外，还是用布料做成的羽毛流苏效果？目前还难以做出准确的推断。尽管这样，王后着装形象还是能够震撼后人的，那居于王后衣装腹部中央的母狮头像、圆圆的护肩和宽松的臂饰使得她异常绚丽多彩而又威武不凡。

罗马帝国时期的王后和贵妇等级服装，主要不在衣服，而在饰件。罗马贵族妇女的饰品极尽奢华。罗马人在征服了许多地区和民族以后，将掠夺来的财富大量投入到制作佩饰品上，特别是其中的一些珍贵金属和珠宝。这样一来，贵重首饰成了上层妇女的典型等级服饰品，无形中推动了珠宝饰品制作工艺和技巧的蓬勃发展。这时，孟加拉国的宝石，近东（以欧洲为中心形成的说法，沿用至今）的珍珠成了人们爱不释手的饰品，其中尤以琥珀最为昂贵。贵族妇女常常佩戴琥珀饰品，用以显示自己的高贵身份。（图6-14、图6-15）

罗马帝国时期的佩饰工艺，至今看来也是相当高级且精湛的，那些杰出的佩饰艺术品，因标志贵族身份而做得精益求精，从而在服装史上熠熠生辉。

图6-15　约公元前1世纪希腊饰蛇形的透雕戒指

第七章

服装交流时代

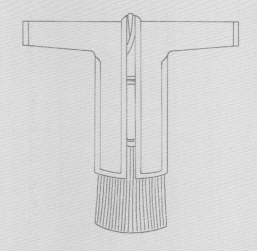

人类早期文化滋生在各个不同的区域，并以独立的态势生存与发展着。在服装定制时代以前，人类尚未发生大规模、长距离的文化交流，各区域之间也谈不上服装文化的引进与吸收。由于历史上部族兼并、民族迁徙、霸权战争频仍，便产生了文化交流与文化融合现象，人的服装穿着也必然受到影响。外来民族与原住民对于彼此的优秀服装风格与风俗，都感到有一种无法抗拒的诱惑，因此便不自觉地加以吸收。相邻民族之间也互相吸收，再发展为适合本民族文化心理的服装。有一些民族是以征服者姿态进入某一民族地区的，因而往往以"易服色"做控制手段。但因文化的选择是依托于文化的生命力，而不以人的意志为转移，而且征服民族与被征服民族共处于同一居住环境中，也就必然产生共同的选取最佳（美观便利）服装的心理趋向，这促进了服装文化的发展。

但是，这还不是世界性的积极的服装文化交流，主要因为当时交通不方便，生产水平较低，服装整体形象还不很鲜明，又仅仅是接触的开始，所以我们在论述各民族服装成形、定制时代之后，将这一个阶段称之为交流时代。可以想象，交流意味着初步的接触、碰撞，是各民族各区域的文化开始走出去，由此打开了交流之路。

中外服装史上的服装交流时代，标志着人类服装繁荣的前奏与黎明。在服装交流时代，各民族服装相互影响，有深有浅、有大有小，大者相互促进，小者部分吸收。这一时代不同于在此后发生的中国辽对宋的侵犯掠夺，或欧洲宗教强权所引发的战争。虽然服装交流期间也不乏侵略与压榨，但它终究未构成主流。有些是因争战、领地的诱因而起，导致了包括服装在内的民间贸易往来与文化交流。

服装交流时代的互相影响，主要发生在欧亚大陆。其中首先是罗马帝国东迁，拜占庭帝国在土耳其古城伊斯坦布尔的定都，直接促成了欧洲和西亚服装的互相影响；而中国汉初摸索打开的丝绸之路横贯欧亚，更使东亚和中亚、西亚乃至欧洲的服装交流达到高潮。

服装交流时代，按历史年代划分，可包括中国西汉至唐初、古罗马皇帝君士坦丁将首都东迁拜占庭至欧洲中世纪前期，纪年从公元前3世纪至前7世纪左右。

一、中国秦汉至南北朝服装

中国中原一带是世界最早的文明发达区域之一。黄河、长江以其特有的气势与风姿，在尼罗河、幼发拉底河和底格里斯河以及恒河流域的文明全盛时期，也以高度发达的封建文明著称于世，形成了有鲜明特色的文化繁荣区域。这时候，中原乃至江南的诸民族，已经在以儒学为主、以道家思想和佛家思想为辅的强令与熏陶之下，逐步形成了自己的服装文化。应该承认，这种文化之中，主要是中原一带的汉民族意识。

公元前221年，秦灭六国，建立起中国历史上第一个统一的多民族封建国家，顺应了"四海之内若一家"要求稳定的政治趋势。统一有利于社会安定和经济文化的发展。后经西汉至东汉，自秦统一至此共有400余年。

这期间，秦始皇凭借"六王毕，四海一"的宏大气势，推行"书同文，车同轨""兼收六国车旗服御"等一系列积极措施，在周代礼制的基础上进一步健全了包括衣冠在内的严格的制度。实际上这是服装定制后的稳定与完善。汉代遂"承秦后，多因其旧"，继而又发扬光大，因而秦、汉服饰有许多相同之处。这一时期，由于各民族各国之间交流活跃，导致社会风尚有所改观，人们对服饰的要求越来越高，穿着打扮日趋规整。尤其贵族阶层中厚葬成风，这些都为后代服装研究工作留下了珍贵的文化遗产。

从公元220年曹丕代汉，到公元589年隋灭陈统一全国，共369年。这一时期的中国基本上是处于动乱分裂状态的。一方面因为战乱频仍，社会经济遭到相当程度的破坏；另一方面，由于南北迁徙，民族杂居，也加强了各民族之间的交流与融合。在这一过程当中，服装是最易引起异族人关注同时又最易对异族人产生影响的物质与精神双重载体。初期各族服饰自承旧制，后期因相互接触而渐趋融合。中国中原与中亚、西亚的诸民族服饰，在服装交流时代中显示出一种趋新与趋异的势头，给宁静大陆带来了灵动的生机。

1.秦汉男女服装（含戎装）

秦汉时期，男服以袍为主。袍服属汉族服装古制，《中华古今注》称："袍者，自有虞氏即有之。"秦始皇在位时，规定官至三品以上者绿袍、深衣。庶人白袍，皆以绢为之。汉代四百余年的历史中，一直以袍为礼服，样式以大袖为多，袖口部分收缩紧小，称为袪，全袖称为袂，因而宽大衣袖常夸张为"张袂成帷"。领口、袖口处绣夔纹或方格纹等，大襟斜领，衣襟开得很低，领口露出里面的衣领，袍服下摆花饰边缘，或打一排密裥，或剪成月牙弯曲之状，并根据下摆形状分成曲裾与直裾。（图7-1至图7-4）

裤为袍服之内下身所服，早期无裆，类似今日套裤。

图7-1　穿直裾袍的男子
摹河北营城子汉墓壁画。

图7-2　穿曲裾袍的男子
陕西咸阳出土陶俑，陕西历史博物馆藏。
此彩绘陶俑戴头巾，身着交领、右衽曲裾袍。

图7-3　彩绘陶塑俑
　　西汉，高49厘米，江苏铜山北洞山楚王墓出土，徐州市博物馆藏。

图7-4　彩绘木雕俑
　　西汉，高42/51厘米，湖南长沙马王堆1号汉墓出土，湖南博物院藏。

《说文解字》曰："绔，胫衣也。"后来发展为有裆之裤，称裈。合裆短裤，又称犊鼻裈。内穿合裆裤之后，绕襟深衣已属多余。直裾袍服也就愈加普遍了。

　　禅衣，为仕宦平日燕居之服，与袍式略同，禅为上下连属，但无衬里，可理解为穿在袍服里面或夏日居家时穿的长衬衣。《礼记·玉藻》记"禅为绚"，又解释为罩在外面的单衣。郑玄注："有衣裳而无里。"此说可作为参考。

　　普通男子则穿大襟短衣、长裤，当然这里主要指劳动人民。其制多衣短，袖子略窄，裤角卷起或扎裹腿带，以便劳作，总体仍较宽松。夏日也可裸上身，而下着犊鼻裈，汉墓壁画与画像砖中常见这类服式，一般是体力劳动者或乐舞百戏之人所着。也有外罩短袍的，这些都可推断为劳

动人民服式。（图7-5）

　　冠是朝服的首服，形制、穿戴等方面有严格规定。东汉永平二年（59），孝明皇帝诏有司博采《周官》《礼记》《尚书》等史籍，重新制定了祭祀服饰和朝服制度。其中关于冠，有诸多式样，如冕冠、长冠、武冠、法冠、梁冠等。（图7-6）汉代官员戴冠，冠下必衬帻，并根据品级或职务不同有所区别。东汉画像石上屡见此类方式，可见帻盛行于东汉。帻是包发巾的一种，秦汉时不分贵贱均可戴用，戴冠者衬冠下，庶民则可单裹。其形好似便帽，有平顶的，称"平巾帻"；有屋顶状的，称"介帻"。秦汉时期，男子用巾主要有两种，即葛巾与缣巾。东汉"黄巾起义"即指起义军都戴着黄色头巾。

　　履在汉时主要为高头或歧头丝制，上绣各种

花纹，或是葛麻制成的方口方头单底布履，另外还有诸多式样和详细规定。（图7-7）

秦汉时期的妇女礼服，仍然秉承古仪，以深衣为尚。据《后汉书·舆服志》记载："贵妇入庙助蚕之服'皆深衣制'。"但绕襟层数在原有基础上又有所增加，下摆部分肥大，腰身裹得很紧，衣襟角处缝一根绸带系在腰或臀部。长沙马王堆汉墓女主人在帛画中的着装形象是极为可靠的形象资料。（图7-8）

襦裙即上襦下裙装。襦是一种短衣，长至腰间，穿时下身配裙，这是与深衣上下连属所不同的另一种形制，即上衣下裳。这种穿着方式在战

图7-6　戴冕冠的皇帝（选自《三才图会》）

图7-5　穿短衣、扎裹腿、戴帻的男子
　　　　摹四川鼓山崖出土陶俑。

图7-7　丝履
　　　　湖南长沙马王堆汉墓出土实物及摹画作品。

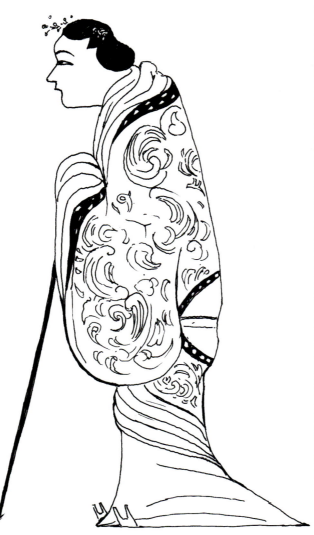

图7-8　穿绕襟深衣的妇女
摹汉《马王堆汉墓帛画》局部。

《马王堆汉墓帛画》（局部，西汉）

整幅帛画上宽 92 厘米，下宽 47.7 厘米，全长 205 厘米。

湖南博物院藏。

整幅画图像清晰、保存完好，是迄今发现的汉代最早的单幅绘画。帛画中间是死者轪侯夫人的侧面形象。画中人物形象反映出当时贵族妇女的服饰面貌。

国时期中山王墓出土文物中已经见到，几个小玉人穿的即是上短襦下方格裙的服式。汉裙多以素绢四幅连接拼合，上窄下宽，一般不施边缘，裙腰用绢条，两端缝有系带。另外，妇女薄如蝉翼的素纱禅衣在长沙马王堆汉墓有实物出土。（图7-9 至图 7-11）

妇女履式与男子大同小异，一般多施纹绣，木屐上也绘彩画，再以五彩丝带系结。

秦汉军戎服装出土形象和实物较多，尤其是秦始皇陵兵马俑坑的发掘对于秦汉军戎服装的研

究，具有较高的学术价值。（图 7-12 至图 7-16）

数千兵马战车俑人形体等同于现实，服装细部一丝不苟，可供今人仔细观察。据初步统计，秦汉戎装可归纳为七种形制，其中的两种基本类型如下：

（1）护甲由整体皮革等制成，上嵌金属片或犀皮，四周留阔边，为官员所服。在《九歌·国殇》中，即有"操吴戈兮被犀甲"句，说明革甲由来已久。

（2）护甲由甲片编缀而成，从上套下，再用

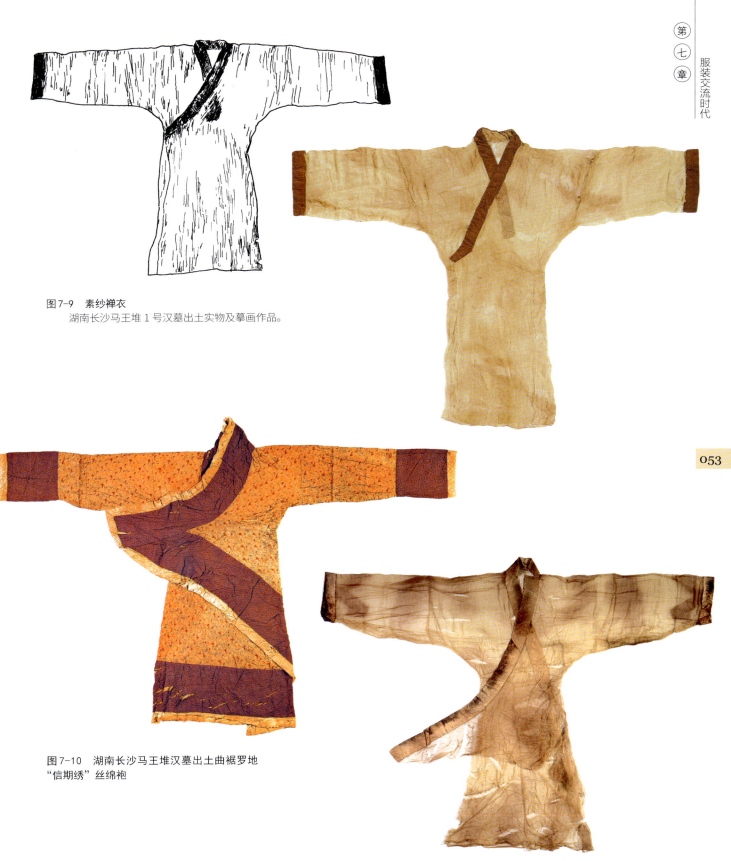

图 7-9　素纱禅衣
　　湖南长沙马王堆 1 号汉墓出土实物及摹画作品。

图 7-10　湖南长沙马王堆汉墓出土曲裾罗地
"信期绣"丝绵袍

图 7-11　湖南长沙马王堆汉墓出土曲裾素纱禅衣

图7-12　秦始皇陵兵马俑1号坑　秦始皇帝陵博物院藏

带或钩扣住，里面衬战袍，为低级将领和普通士兵服。

汉王朝的主要战敌是匈奴，匈奴善于骑马射箭，正如与赵武灵王相抗争的北胡一样，他们皆以游牧经济为主，这两个民族在历史上有着密切的渊源关系。汉军为适应这种战场的需要，也要弃战车、习骑射。为避免短兵相接的过大伤亡，必须改革战甲，故而出现铁制铠甲，其时间最迟当在东汉时期。

另外需要关注的是，在中原服装的汉民族意识中，服装色彩也是一个重要的表现形式。战国末哲学家、阴阳家的代表人物驺衍，也叫邹衍，运用五行相生相克的说法，建立了"五德终始说"，并将其附会到社会历史变动和王朝兴替上。如列黄帝为土德，禹是木德，汤是金德，周文王是火德。因此，后代沿用这种说法，总结为"秦

将军俑战甲线描图

兵马俑的发型

图7-13　将军俑　秦始皇帝陵博物院藏

图7-14　高级军吏俑　秦始皇帝陵博物院藏

图7-15　跪射俑　秦始皇帝陵博物院藏

图7-16　武士俑　秦始皇帝陵博物院藏

得水德而尚黑"。而汉灭秦，也就以土德胜水德，于是黄色成为汉代的高级服色。另根据金、木、水、火、土五行，以东青、西白、南朱、北玄四方位而立中央为土，即黄色，从而更确定了以黄色为中心的服色，因此最高统治者所服之色当然应该以黄色为主了。

这一阶段服装以及丝织品的色彩趋向丰富。从长沙马王堆汉墓出土的织绣工艺实物来看，在百余件丝织品中，仅凭视觉能够识别的颜色，即有一二十种之多，如朱红、深红、绛紫、墨绿、棕、黄、青、褐、灰、白、黑等。在新疆民丰东汉墓中，还发掘出迄今为止最早的蓝印花布，这些都充分说明了中国织绣印染技术至此已达到比较成熟的程度。技术的发展为秦汉服装提供了一定的物质基础。

2.魏晋南北朝男女服装

这一时期汉族男子服装以长衫为尚。衫与袍的区别在于袍有袪、有里，而衫为宽大敞袖。衫分单、夹二式，质料有纱、绢、布等。

由于不受衣袪限制，魏晋服装日趋宽博。（图7-17）《晋书·五行志》云："晋末皆冠小而衣裳博大，风流相仿，舆台成俗。"《宋书·周朗传》记："凡一袖之大，足断为两，一裾之长，可分为二。"一时，上至王公名士，下及黎民百姓，均以宽衣大袖为尚，只是耕于田间或从事重体力劳动者仍为短衣长裤，有的下缠裹腿。

褒衣博带成为这一时期的主要服饰风格，其中尤以文人雅士最为喜好。当时的文人不仅喜着此装，还以蔑视朝廷、不入仕途为潇洒超脱之举。表现在装束上，则是袒胸露臂，披发跣足，以示不拘礼法。《抱朴子·刺骄篇》称："世人闻戴叔鸾、阮嗣宗傲俗自放……或乱项科头，或裸袒蹲夷，或濯脚于稠众。"《搜神记》写："晋元康中，贵游子弟相与为散发裸身之饮。"《世说新语·任诞》中有"刘伶常着袒服而乘鹿车，纵酒放荡"的描写。褒衣博带之势，飘忽欲仙之感，

《洛神赋图》（宋摹本，局部）
（传）顾恺之（东晋）
全图纵 27.1 厘米，横 572.8 厘米。
故宫博物院藏。

图7-17　戴梁冠和漆纱笼冠、穿大袖衫的男子
　　　摹东晋顾恺之《洛神赋图》局部。

南京西善桥出土《竹林七贤与荣启期》砖印壁画局部。

图7-18 穿大袖宽衫、垂长带、梳丫髻、袒胸露臂的士人
摹南京西善桥出土《竹林七贤与荣启期》砖印壁画局部。

出自政治混乱之时。文人意欲进贤，又怯于宦海沉浮，只得自我超脱，除沉迷于饮酒、奏乐、吞丹、谈玄之外，便在服式上寻求宣泄，以傲世为荣，故而宽衣大袖，袒胸露臂。中国正统的儒家思想，在这一波狂潮中不得不退避三舍。老庄那清静无为、玄远妙绝的思想，成了文人士大夫人生观的主导。（图7-18）

在南京西善桥出土的砖印壁画《竹林七贤与荣启期》中，可看到几位文人桀骜不驯、蔑视世俗的神情与装束。唐末画家孙位《高逸图》中也描绘出魏晋文人清静高雅、超凡脱俗的气概。从古籍记载中不难看出，当年除以"飘如游云、矫若惊龙""濯濯如春月柳"等具体形象做比喻外，还出现许多道德、审美概念等方面的形容词，如生气、骨气、风骨、风韵、韵、秀、高逸等，这些属于文化范畴的理论无疑对服饰风格产生了重大影响。

除大袖衫以外，男子也着袍、襦、裤、裙等。《周书·长孙俭传》记："日晚，俭乃著裙

襦纱帽，引客宴于别斋。"当时的裙子也较为宽广，下长曳地，可穿在内，也可穿于衫襦之外，腰以丝绸宽带系扎。（图7-19）男子首服有各种巾、冠、帽等，如幅巾、纶巾、小冠、高冠。其中漆纱笼冠是集巾、冠之长而形成的一种首服，在魏晋时期最为流行。它的制作方法是在冠上覆经纬稀疏而轻薄的黑色丝纱，上面涂漆水，使之高高立起，里面的冠顶隐约可见。东晋画家顾恺之《洛神赋图》中人物中便有头戴漆纱笼冠者。

帽子是南朝以后大为兴起的，主要有白纱高屋帽、黑帽、大帽等。（图7-20）履式，除采用前代丝履之外，盛行木屐。《南史·宋纪上·武帝》写其"忄生尤简易，常著连齿木屐，好出神武门内左右逍遥"。《宋书·谢灵运传》记："登蹑常著木屐，上山则去前齿，下山去其后齿。"唐代诗人李白《梦游天姥吟留别》中有"脚著谢公屐"句，即源于此意。在服饰习俗中，访友赴宴只能穿履，不得穿屐，否则会被认为仪容轻慢，没有教养。但在江南一些地区，由于多雨，木屐

057

第七章 服装交流时代

图7-19　穿汉时鸡心领袍服的男子　甘肃嘉峪关出土砖画及摹画作品

图7-20　戴白纱高屋帽（一说菱角巾）的皇帝
　　摹唐阎立本《历代帝王图》中陈文帝形象。

《历代帝王图》（局部）
阎立本（唐）
全图纵 51.3 厘米，横 531 厘米。
美国波士顿美术博物馆藏。

穿用范围相应广泛。

　　这一时期汉族妇女服装多承汉制，一般妇女日常所服，主要为衫、袄、襦、裙、深衣等。（图7-21）除大襟外还有对襟，领与袖施彩绣，腰间系一围裳或抱腰，亦称腰采，外束丝带。男子已不穿的深衣仍在妇女间流行，并有所发展，主要变化在下摆。下摆通常被裁制成数个三角形，上宽下尖，层层相叠，因形似旌旗而名之曰"髾"。围裳之中伸出两条或数条飘带，名为"襳"。走起路来，襳随风飘起，如燕子轻舞，故有"华带飞髾"的美妙形容。（图7-22）

　　履分丝、锦、皮、麻等材质，面上绣花、嵌珠、描色。如南朝梁时沈约有"锦履并花纹"等诗句。新疆阿斯塔那墓中曾出土一双方头丝履，足以见其履式与精工。（图7-23）首饰发展到此时，突出表现为竞尚富丽。其材质之华贵，名目之繁多，是前所未有的，显然与宫中姬妾成群、汉末时期的妓女这时以"营妓"形式出现等奢侈风气有关。曹植《洛神赋》中写："奇服旷世，骨像应图。披罗衣之璀粲兮，珥瑶碧之华琚。戴金翠之首饰，缀明珠以耀躯。践远游之文履，曳雾绡之轻裾。"传为萧衍所作的《河中之水歌》

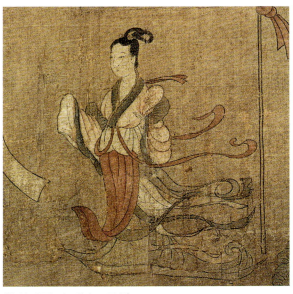

《洛神赋图》（宋摹本，局部）
（传）顾恺之（东晋）
全图纵 27.1 厘米，横 572.8 厘米。
故宫博物院藏。

图7-21　穿大袖宽衫的女子
　　摹东晋顾恺之《洛神赋图》局部。

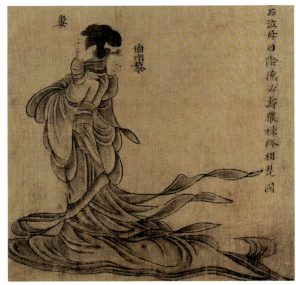

《列女仁智图》（宋摹本，局部）
（传）顾恺之（东晋）
全图纵 25.8 厘米，横 470.3 厘米。
故宫博物院藏。
　　此图中女子发梳大髻，着宽袖衣，
下着双裙，裙垂飘带飞舞。

图7-22　穿杂裾垂髾服的妇女
　　摹东晋顾恺之《列女仁智图》局部。

东晋"富且昌宜侯王天延命长"织成履

图7-23 织出汉字铭文"富且昌宜侯王天延命长"的五彩锦履
长24厘米，宽8.5厘米，高4.5厘米。
1964年新疆吐鲁番阿斯塔那39号墓出土，新疆维吾尔自治区博物馆藏。
此履是以丝线编织履面和以麻线编织履底、衬里的彩色编织履。

中还有："头上金钗十二行，足下丝履五文章。"此间诗歌中不乏描绘女子饰品之言。由于首饰讲究，导致发型日趋高大，以至设假发而成为名叫"蔽髻"的大发式，再或挽成单环、双环、丫髻和螺髻等。头上除首饰之外，还喜欢插鲜花，以图其香气袭人。

中国中原人所言的北方少数民族，素以游牧、狩猎为生，因此其服式要便于骑马奔跑并利于弯弓搭箭。在中国魏晋南北朝时期，北方民族异常活跃，加之中原一带也出现诸王混战的局面，正好与北方民族分裂割据的局面出现在同一时期，因而出现了在中国国土之内的民族大迁徙和大融合。

裤褶是一种上衣下裤的服式，谓之裤褶服。褶，观其服式，犹如汉族长袄，对襟或左衽，不同于汉族习惯的右衽，腰间束革带，方便利落。随着南北民族的接触，这种服式很快被汉族军队所采用。（图7-24）

当时，凡穿裤褶者，多以锦缎丝带裁为三尺一段，在裤管膝盖部位下紧紧系扎，以便行动，成为既符合汉族"广袖朱衣大口裤"特点，同时又便于行动的一种急装形式，谓之缚裤。

图7-24 穿裤褶、缚裤的男子
摹北朝陶俑，传世实物。

图7-25 穿裲裆铠、缚裤、戴兜鍪的武士
摹北魏彩陶俑，传世实物。

此图中武士陶俑头戴盔，身着缚裤。
所着铠甲的甲片为鱼鳞形。

另有裲裆，《释名·释衣服》称："裲裆，其一当胸，其一当背也。"清代王先谦《释名疏证补》曰："今俗谓之背心，当背当心，亦两当之义也。"观古代遗物中裲裆穿在俑身上的形象，其形式当为无领无袖，初似为前后两片，腋下与肩上以襻扣结，男女均可穿着。这种服式一直沿用至今，南方称马甲，北方称背心或坎肩。也有单、夹、皮、棉等区别，并可着于衣内或衣外。衣外者略长，衣内者略短。（图7-25）

魏晋南北朝时期，虽说连年战乱，人民背井离乡，但统治者的奢侈生活依然，体现在服装

上，尤以讲求质料为甚。如《邺中记》载："石虎冬季所用流苏帐子，悬挂金薄织成的囊；出猎时着金缕织成的裤。皇后出行，用使女二千人为卤簿，都着紫纶巾、蜀锦裤，脚穿五文织成靴。"

当时，不仅丝织物数量惊人，品种花色也异常丰富。《邺中记》载邺城设有织锦署，并称"锦有大登高、小登高、大明光、小明光、大博山、小博山、大茱萸、小茱萸、大交龙、小交龙、蒲桃文锦、斑文锦、凤凰朱雀锦、韬文锦、核桃文锦。或青绨、或白绨、或黄绨、或紫绨、

或蜀锦，工巧百数，不可尽名"。（图7-26、图7-27）

这一时期佛教的盛行亦与服装发展有密切关系：一方面国人将当时服饰风尚加于佛像身上，这从敦煌壁画和云冈石窟、龙门石窟雕像中即可看出；另一方面随佛教而兴起的莲花、忍冬等纹饰大量出现在世人的衣服面料或边缘装饰上，给服饰赋予了一定的时代气息。总之，各民族之间的活跃往来，也传入中国一些异族风采。如"兽王锦""串花纹毛织物""对鸟对兽纹绮""忍冬纹毛织物"等织绣图案，都是直接吸取了波斯萨珊王朝及其他国家

图7-26　对鸡对羊灯树纹锦
锦面上的灯树显然受西方影响，鸡、羊则又与"吉祥"谐音，已有吉祥图案的意味。

图7-27　联珠对孔雀纹锦
此纹锦用来遮盖墓主脸部，是今存最早的中国联珠纹锦。

与民族的装饰风格。

二、中国中原至中亚、西亚的丝绸之路

中国中原与中亚、西亚诸国，可以说早在公元前2000年左右便有了某种接触。而至周穆王（约公元前1026年—约前922年）时，传说周穆王曾西征犬戎，打开了通往大西北的草原之路。在汲县（今河南卫辉）战国魏令王墓出土的《穆天子传》中，记下了周穆王每到一处就以丝绢、铜器、贝币馈赠各部落酋长，各地酋长也向他赠送大量马、牛、羊和酒等。这些货物西运的终点远远地超过了葱岭，一直伸向乌拉尔山脉和伊朗高原。

在希腊雅典帕特农神庙中有一座女神像（公元前438—前431年），她身穿透明的长衣，衣褶雅丽，质料柔软。这件长衣曾经被考古学家认定是丝绸衣料（当不排除是极细亚麻）。另外，表现衣料非常细薄、透明的服饰形象很多，特别是克里米亚半岛库尔·奥巴出土的公元前3世纪古希腊制作的象牙板上的绘画《波利斯的裁判》，将希腊女神身上穿着的纤细衣料表现得十分完美，透明的丝质罗纱将女神乳房、脐眼完全显露出来，从而被考古界认为这种衣料只有中国才能制造，绝不是野蚕丝可

以织成的。

当然，中国中原和中亚、西亚等地的大规模交往，应归功于张骞。

公元前138年，汉武帝刘彻派遣张骞出使大月氏，本意是想联合大月氏国一起抗击匈奴，结果未能如愿。可是，张骞初次出使，虽然没有达到和大月氏缔结盟约的目的，却获得了有关中亚、西亚各国的地理、物产、军事情报，使汉武帝知道，和这些国家打交道，不仅在军事上极有意义，而且在经济上也会对汉王朝产生很大效益。

公元前119年，张骞第二次出使西域，带了许多副使，率随从300人，各备马两匹，又带去价值数千万之多的金币与丝绸，积极发展和西域各国的友好关系。张骞抵达乌孙，又分别派遣副使到大宛、康居、大月氏、大夏、安息、身毒等国。自此以后，汉代使者更远到安息、奄蔡、犁轩、条支等国，不仅把丝绸衣料赠给了这些国家和地区，而且沿途的给养，很多是靠缯彩去换取。于是，中国中原的丝绸衣料使这些国家服饰的质料乃至款式、色彩发生了惊人的变化。

其间，中国的丝绸衣料通过安息商人远销西亚，西方各国的珠宝、香料、象牙、犀角、皮毛也从安息输入中国。安息国成立于公元前247年，强盛于公元前171至前138年的米特拉达梯一世统治时期。疆域北至里海，南抵波斯湾，东接大夏、身毒，西到幼发拉底河。在中国中原与西亚以及欧洲的交往中起到了重要的中介作用。从安息西行可通罗马帝国的安提阿克和利凡特等诸多城市，通过条支还可取海道直达埃及。

印度和中国西北少数民族的交往极早。公元前5世纪，波斯阿赫曼尼德朝占领粟特、巴克特里亚和旁遮普，曾多次向葱岭以东地区派出商队，其中就有印度商人。到了公元前3世纪阿育王统治下的孔雀王朝时，双方的往来已经确立。巴克特里亚不但是印度和两河流域、阿姆河流域

交往的主要干道，而且也是汉代中印贸易的重要中转枢纽。公元初，希腊佚名船长写的《厄里特里海环航记》中说，来自中国的"生丝、丝线和丝织品由巴克特里亚经陆路运至巴里格柴（今巴罗哈港），或由恒河经水路运到泰米尔邦"。中国《后汉书·西域传》指明："从月氏、高附国以西，南至西海，东至磐起国，皆身毒之地。"这些地方在公元1世纪中叶后全归属于月氏国，"出土象（牙）、犀（角）、玳瑁、金、银、铜、铁、铅、锡"，"又有细布、好氍毹（细花毛毯）、诸香、石蜜（糖）、胡椒、姜、黑盐"。由于从海上和大秦（罗马帝国）相通，所以远有"大秦珍物"。罗马的商货常由贵霜王朝统治下的印度经过巴克特里亚运到中国。在这个意义上看，五河流域的贵霜王朝还在中国与埃及之间起到了商业桥梁的作用，这些来往交流的织物与饰品原料，都在流入某一区域时直接导致了这一区域服饰的丰富、改进与提高。

至少在公元2世纪和3世纪时，中原的丝织品等经新疆西运，从罗马等国也向中国运进大宗货物。《魏略》中有一份相当于罗马向中国进口的物品货单，其中绝大多数都与服饰有直接和间接的关系。

货单上是这样记述的：

"大秦多金、银、铜、铁、铅、锡、神龟、白马、朱髦、骇鸡犀、玳瑁、玄熊、赤螭、辟毒鼠、大贝、车渠、玛瑙、南金、翠爵、羽翮、象牙、符采玉、明月珠、夜光珠、真白珠、虎珀、珊瑚、赤白黑绿黄青绀缥红紫十种流离、璆琳、琅玕、水精、玫瑰、雄黄、雌黄、碧、五色玉……"

这里有织物衣料，有饰品原料，还有各种香料，作为与中国丝织品、铁器、铜器和漆器的交换。这些完全反映出罗马帝国在公元初的3个世纪中，与东方贸易的活跃情况。

由于中国中原与中亚、西亚长时间的大规模

交流，致使服装纹样上也明显地出现了文化融汇的现象。20世纪初，在楼兰遗址汉墓中曾发现一块毛织物残片，其图案直接采用希腊、罗马题材中赫尔墨斯的头像；在蒙古国诺彦乌拉发现的汉代丝织品上，有一匹翼兽；新疆民丰东汉墓中出土的蓝印花布上既有印度的犍陀罗风格，即深目高鼻妇女，又有中原传统题材中的龙纹，而且这块布中间的残留部位上清清楚楚地留有狮子的一条后腿和尾巴。另外，在尼雅遗址曾出土东汉绮、罽，上面都有西域的植物纹饰——葡萄纹。（图7-28）如新疆东汉夫妻合葬墓内出土的一件用黄色鸟兽葡萄纹绮缝制的女上衣，却是中原的织造物。

这一时期，纹饰题材和表现方法，都因交流而出现融合的局面。如最早在希腊、罗马流行的忍冬纹，随着佛教祭品的应用而在中国中原逐渐流行起来。那些忍冬纹通过对称、均衡、动静结合等手法，组成波状形、圆环形、方形、菱形、心形、龟背形等各种边饰，或者变化成缠枝藤蔓，当作鸽子、孔雀等飞禽栖歇的林木，或者和莲花结合成自由图案，当作伎乐的背景。这些传统的"兽纹锦"，虽然近于卷云的兽纹尚带有汉代装饰风格的遗韵，但已明显具备了波斯萨珊王朝的图案特点。联珠对鸟对狮"同"字纹锦，更是在直接采用波斯萨珊王朝图案的同时，又保留了中国中原以文字作为主题的传统表现手法。（图7-29、图7-30）

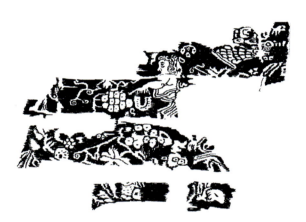

图7-28　汉代葡萄纹

图7-29　黄绮地乘云绣

图7-30 "五星出东方利中国"织锦护膊

长18.5厘米，宽12.5厘米。

1995年新疆民丰尼雅1号墓地出土，新疆维吾尔自治区博物馆藏。

此为国宝级文物，为墓主护膊。用五色平纹经锦织成。整个锦图案不分色区，以蓝、绿、红、黄、白织出。五星的图案也恰好由这五种色彩表示。图案整体采用山状云做骨架，上饰有鸟、独角兽、虎等祥禽瑞兽，并伴以星占祈瑞文字"五星出东方利中国"。

三、拜占庭与东西方服装

君士坦丁大帝将首都罗马向东迁到拜占庭，这是世界历史上一个重要的事件。因为从此罗马帝国的命运出现了巨大的变化。公元330年，这位大帝以自己的名字命名拜占庭小城。公元395年，罗马帝国最终分裂以后，西部仍称为罗马帝国，而东部改称为拜占庭帝国。公元476年，西罗马被野蛮征服而彻底灭亡了。但是，拜占庭帝国却日益繁荣昌盛，一直延续到公元1453年，长达1000年之久。在这十个世纪中，君士坦丁堡始终继承和发扬了古希腊、罗马的文化传统和艺术风格，同时，又使其与东方的文化传统和艺术风格相汇合，最终形成了自己的带有明显东西方文化相结合特点的君士坦丁堡文化。历来史学界都一致承认，这一崭新的文化，在世界上产生了巨大而深远的影响。具体到人类服装发展史上，它与丝绸之路一样，带有典型的服装交流时代的特点。

1.拜占庭与丝绸衣料

中国丝织品的源源西运，不但使丝绸成为亚洲和欧洲各国向往、羡慕的衣料，而且随着人们服饰需要的不断增长，也导致了亚洲西部富强大国，特别是拜占庭养蚕和丝织技术的应用。特别重要的是，在服装交流时代中，中国的丝绸和养蚕缫丝纺织技术通过拜占庭被广泛地传播到西方各国。

可以这样说，在这一历史时期内，进口中国丝绸最大的主顾是罗马。公元前64年，罗马人侵占叙利亚后，对中国纺织品的需求迅速增加，中国丝绸销路因此大开。罗马时期，恺撒大帝曾穿着中国的丝绸长袍去看戏，致使全剧场的观众都争看这件特殊材料织成的华美的长袍。自此以后，罗马贵族男女都以能穿上丝绸衣为荣耀。罗马帝国初期，提比留斯大帝曾下令禁止男子穿着丝绸衣，以遏制奢侈之风，但是事实证明，此令丝毫未能阻止住人们对选用丝绸衣料的热情。黎

凡特的提尔、西顿等城市的丝织业，都靠中国缣素运到之后再重新拆散，将粗丝线变成细丝线，经过加工织成极薄的衣料，使之更适应地中海区域的温和气候，同时又适合那里流行的服装式样。这些薄而轻盈的衣料，有些是用纯丝织成的，有的是同其他纤维混合纺织成的。混纺布料很多，质地也各不相同，人们普遍认为，并非所有的人都能穿得起纯丝织成的衣服，只有皇帝才有资格。欧洲服装史学家认为，海利欧加巴拉斯就是穿着纯丝绸衣服的第一位罗马大帝。由于早年的进口丝绸极为有限，丝绸的价格相当昂贵，只有黄金才能和它相提并论。（图7-31）

图7-31 约公元前14世纪的女神椭尔姬特像被认为穿着丝绸混纺衣服（发现于图坦卡蒙法老墓中）

公元后几个世纪中，罗马城内的托斯卡区开设了专售中国丝绸的市场。2世纪时，丝绸在罗马帝国极西的海岛伦敦风行程度甚至已不下于中国的洛阳。到4世纪时，罗马史学家马赛里努斯宣称：过去我国仅贵族才能穿着丝服，现在则各阶层人民都普遍穿用，连搬运夫和公差都不例外。在罗马帝国辖境埃及的卡乌、幼发拉底河中游罗马边境城市杜拉欧罗波，都曾发现公元4世纪左右由中国丝制成的织物。5世纪以后，罗马境内出土的利用中国丝在叙利亚和埃及织造的丝织品就更多了，杜拉欧罗波北面的哈来比以及西面的巴东米拉都有大量的发现。

在这种狂热地对丝绸衣服的追求中，拜占庭起到了贯通中西的作用。先是波斯以中国丝绸业为楷模率先发展起来，这对于一直需要进口大量丝绸的拜占庭产生了新的刺激。于是拜占庭也设法学会养蚕缫丝以解决原料来源。在查士丁尼统治时期，中国的蚕种从中国新疆运到了拜占庭。拜占庭史学家普罗可比的《哥特战记》最早记过此事。说是在公元552年时有几个僧侣从印度来到拜占庭，他们迎合查士丁尼不愿再从波斯人手中购买生丝的意愿，向查士丁尼自荐，说他们曾在印度北方的赛林达国居住多年，熟悉养蚕方法，可以将蚕茧带到拜占庭来。查士丁尼允准以后，他们就回到赛林达国（这个赛林达国实际上位于中国的新疆区域内），将蚕茧带到拜占庭，依法孵出幼虫，用桑叶喂养，从此拜占庭帝国也开始育蚕了。另据死于6世纪末的拜占庭史学家狄奥法尼斯所述，蚕种是由一个波斯人从赛林达国传入拜占庭的，他的办法是将蚕茧放在竹筒内然后偷偷带出境，再将蚕种在拜占庭孵育成蚕的。总之，拜占庭继波斯、印度之后也能像中国人一样养蚕缫丝了。《北史》记载，大秦国（中国古代对罗马的习惯称谓）"其土宜五谷、桑、麻，人务蚕、田"，当是拜占庭发展起桑业以后的情景。拜占庭贵族所穿的斯卡尔曼琴长袍，就是依据从中国传去的织锦缎模仿而来。（图7-32）

拜占庭皇室成员在亲自把持和垄断丝织产品以后，就不再仅仅作为自己的服装衣料，而是将上等丝绸衣料当作外交礼品赠送给远近各国的王室，以达到睦邻友好、相互往来的目的，各国上层人士长期以来对拥有丝绸的渴望也因此而得到满足。在罗马市圣彼得大教堂圣器室内收藏的法衣中，有一件正是拜占庭帝王赠送给查理曼大帝的达理曼蒂大法衣。史学家根据其衣料的精良质地和服装的华丽外观断定，这一定是拜占庭最高超、最完美的刺绣佳品之一。（图7-33）

图7-32 图像资料中穿丝绸衣服的查理曼大帝

图7-33 达理曼蒂大法衣摹制图

通过赠送礼品的形式，拜占庭将中国的丝绸传给了西方诸国，从此更加激发起各国人民对东方的向往以及对丝绸服装的兴趣与需要，以至需求的数量在不断增加。同时，拜占庭帝国时期的服装款式、纹饰等也对西方各国产生了重要

的影响，当然，所谓的拜占庭帝国的服装款式与纹饰，实际上已经是东西方服装艺术结合的产物了。

拜占庭丝绸面料的纹饰中，主要有几种图案形式，如两只对峙的动物，中间由一棵圣树将它们分开，树下分列动物。这种曾在希腊流行过的图案形式，通过拜占庭服饰图案的传播在中国汉、唐期间形成非常盛行的对鸟纹。相对的动物或是两只相背而反首回顾的动物组成图案的一个单位，外面环绕联珠纹，这种图案在中国丝织品中也频频出现。其户联珠纹又是从波斯传来。除了这种图案之外，还有骑马的猎手、武士与雄狮厮杀搏斗等图案。考古专家们认为，这些不同的图案大都起源于美索不达米亚，后来它们相继为埃及人、叙利亚人和君士坦丁堡人所模仿和复制。在某些流传至今的拜占庭纺织品图案中，人们还可以看到大型动物的单一形式，有狮子、雄鹰和大象等，这种骑马猎手以及武士与雄狮搏斗的图案曾大量出现在中国的丝织品上。

图7-34 查士丁尼大帝与他的随从 约公元547年 拉文纳圣·维塔尔教堂半圆室中的镶嵌壁画

由此不难看出，拜占庭在与东西方服装交流的关系中，本身就充当着一个交汇点的角色，东方的丝绸通过拜占庭为西方人所认识和采用，西方的一些图案又融汇在地中海一带服装图案中，经由拜占庭的特殊位置使其大量地传到了东方，影响了东方服装风格的演变。丝织品在服装史中不是孤立存在的，它作为服装的面料成为服装交流时代不可或缺的物质基础。

2.拜占庭的服装款式

拜占庭帝国时期的服装款式很多，如果从普通穿着的几种有代表性服装来看，可以很清楚地显现出罗马传统与东西方服饰融汇的结果。这些在历史上都留下了典型的例子。

拜占庭男子服装的主流中，有整合式长衣和围裹式长衣，这些是具有罗马传统的服式，另外，也穿用波斯式的带袖上衣，尽管它在拜占庭帝国前期还不普遍。拜占庭帝国的先人们，在几个世纪中还曾习惯于护腿装束。而至4世纪时期就有人放弃了罗马时期的这种服式，穿上一双紧贴腿部的高筒袜，下面穿一双矮帮鞋，前部为尖形，带有明显的东方风格。收藏在美国大都会艺术博物馆内的系带靴子，结构鲜明，接缝清晰，这一类多为士兵穿用。民间则主要是矮帮鞋和布袜，这直接导致了欧洲矮帮鞋与长筒袜同时穿用的着装形式的流行。（图7-34）

公元395年，凡达尔人斯提利乔出任东罗马军队的统帅，曾一度成为拜占庭的实际主宰者。从有关艺术形象上看，他穿的长衣基本上是一件长身斗篷，固定斗篷的扣针颇像典雅的罗马式扣针，衣料完全是带有花纹图案的丝绸。斗篷内穿着的紧身衣长到膝盖，腰带略偏下，这些紧身衣和斗篷被称为衣锁服饰，明显带有罗马服装特色。袖口边缘以及衣襟下摆则是继承了前代传统的同时又吸取了东西方服装的特点。综合形象上明显有着希腊、罗马、波斯、印度和中国的服饰风格。（图7-35、图7-36）

图7-35 拜占庭帝国君王服饰形象

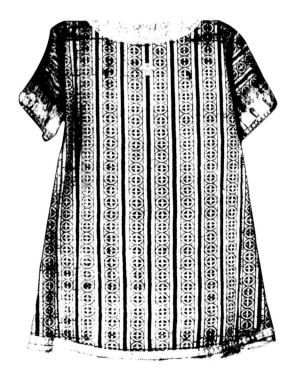

图7-36 拜占庭时期彼得大主教法衣

在中国新疆境内有一些犍陀罗式艺术的宝库，如库车附近的克孜尔千佛洞，其中的画师洞就因洞中有一幅画师临壁绘图的自画像而得名。图中画师垂发披肩，身穿镶边骑士式短装，上衣敞口，翻领右袒，腰佩短剑，右手执中国式毛笔，左手持颜料杯。铭文中的题名米特拉旦达是个纯粹的希腊名字，希腊式名字和拜占庭服式显示出画师是拜占庭人。《汉书·霍光传》记述大秦人"人皆髦头而衣文绣"。《旧唐书·拂菻传》记："风俗，男子剪发，披帔而右袒。"考古学家根据拜占庭政府颁布严禁长发披衣令的时间和《查士丁尼秘史》等古籍记载推断，画师可能是5世纪或6世纪的拜占庭人，而且很可能是在波斯战争中流落到中亚的。中国唐代杜环在《经行记》中追述拂菻人"或有俘在诸国，死守不改乡风"的记载。尽管这样，整体服饰形象已经是融合东西传统为一体了。而且这种上衣敞口和翻领的服装式样直接影响了中国中原的服式，致使翻领衣在服装交流时代之后，几乎遍布了欧亚大陆。

拜占庭帝国的女服基本上继承了前代所有的服装式样。昔日的罗马斗篷到了拜占庭帝国时仍被拜占庭妇女所穿用。其中有爱奥尼亚式服装，也有曾经流行过后来又有所改动的紧身长衣。

斯提利乔的妻子瑟莉娜的服饰形象显示：她穿的爱奥尼亚式服装已经略加改进，罗马式斗篷倒是保留着较纯正的传统风格，脚上一双尖头鞋则明显受到东方服装式样的影响，头戴具有典型拜占庭特色的帽子，有两只耳环和一条由两股合成的一条嵌宝石金项链。

从相当于公元6世纪的两位皇后服装看，她们的装扮都融汇东西方服饰艺术特色的同时又向两个方向延伸传播。一位为阿丽娅妮皇后，她着长式斗篷，开襟式整合长衣的周边饰有两排珍珠，其他服饰垂片周围也镶有许多大小不等的珍珠；所戴的冠帽正面，还有数颗珍珠加以装点，

两侧悬吊着长长的宝石项链。（图7-37）

另一位为瑟欧多拉皇后，曾穿着镶满黄金的白色上衣，紫色外套长斗篷布满了各种题材的图案。其中衣身下方的一个画面上直接表现了古代波斯王国的僧侣前来朝拜进贡的情景。瑟欧多拉皇后最亲密的朋友——大将军勃利沙雷斯的妻子安东尼娜，曾穿着紫色的上衣，外面罩以宽大的以红、白、绿三种颜色的绒线刺绣而成的围裹式服装，显示出不同的装饰图案。欧洲服装史学家在总结拜占庭女服的特点时说，一件衣服要表现出多种颜色的结合，这是拜占庭时期女式服装的特点之一。比如当时有一种白色女式上衣绣有蓝

图7-37　阿丽娅妮皇后服装上的珠饰

图7-38　联珠灵鸟纹锦

图7-39　6世纪伦巴第公主的皇冠
此冠代表了日耳曼人的艺术风格与工艺水平。

色花纹；闪闪发光的金色斗篷配上红、绿两色的饰边；绿色上衣又与橙黄色和大红色的斗篷同时穿用；深红色鞋子，用灰色图案加以点缀。

　　一件衣服上由多种颜色织绣而成，绝非拜占庭女服所独有。中国湖南长沙西汉墓中出土的女服以及衣料表明，墓主人（轪侯之妻）生前穿着的服装是相当华美精致而且色彩绚丽的。在马王堆汉墓出土的遗物中，完整的衣被、鞋袜、手套、整幅或不整幅的丝帛衣料等有百余件。这些织物上仅凭视觉能够识别的颜色有一二十种之多，如朱红、深红、绛紫、墨绿、棕、黄、褐、灰、白、黑等，图案花纹的加工技法有织花、绣花、泥金银印花、印花敷彩等。这说明，服装面料上无论以绣还是织的手法，将多种颜色汇集在一块衣料上是服装织造水平提高的标志。同时说明了各民族各地区在服装交流时代，由于多种渠道的沟通，其技艺、构思，尤其是较为复杂的色彩，构成了较为同步的迹象。这当然不包括所有民族，因为交流融合是需要以交通往来方便为基本前提。

　　另外，从这一时期拜占庭女服悬吊珍珠为垂饰的做法来看，在很大成分上不能排除受波斯联珠纹的艺术风格影响，因为这些珍珠饰件的构成形式大都是类似的模式，只不过珠饰已成立体，而大小相等的珠形相连却是一致的。如果将其纳入联珠纹中的话，那么这种取之于波斯，又行之于中国的联珠纹，便是服装质料交流中的典型产物了。（图7-38、图7-39）

四、波斯铠甲的东传

　　在服装交流时代，各国服装融合之前的阶段中总有一方较为主动，其流向也是有一个主流的。如中国中原与中亚、西亚服装的相互影响，主要是东服西渐，因为丝绸面料已经起到了一个

图7-40 罗马统帅奥里略雕像

决定性的作用，这种西传的趋势是不可阻挡的。而拜占庭在服装交流时代中充当的角色，是向东西方分别吐纳的。（图7-40）由于它本属西欧，迁都到西亚，这就占有一个重要的地理位置，使其在继承欧洲原有的服装传统时有足够的能力和便利的渠道，广泛吸取东方的服装艺术精华。拜占庭人在消化精华之后，又自然而然地影响了西欧，同时也影响到了东亚。相比之下，波斯国军服铠甲的对外影响明显地呈现出东传的趋势。（图7-41）

波斯是很早使用铠甲的国家。公元前480年，波斯皇帝泽尔士的军队已装备了铁甲片编造的鱼鳞甲。在幼发拉底河畔杜拉·欧罗波发现的安息艺术中，已有头戴兜鍪、身披铠甲的骑士，战马也披有鳞形马铠。这些马具装连同波斯特有的锁子甲和开胸铁甲，先后经过中亚东传到中国中原。早在公元前325年至前299年（即中国赵武灵王时），波斯的铁铠和铠环就曾代替了中原

图7-41 波斯人与米堤亚人

高25米，约公元前521年至前465年，石灰石。此浮雕描绘了多国使者向波斯国王朝贡的情景。

图7-42　萨珊王朝重装骑兵的波斯铠甲

笨重的犀兕皮甲。随之，用于革带上的金属带钩也进入中原地区。铠甲先在军队中形成影响，后传入民间，其中带钩更是成为中原人的时髦装饰。波斯的锁子甲，或称环锁铠，公元3世纪时已传入中国。魏曹植在《先帝赐臣铠表》中提到过，这种环锁铠极为名贵。公元382年，前秦吕光率大军75000人征伐西域时，就在龟兹看到西域（现中国新疆）诸军的铠甲是"铠如连锁，射不可入"。后来它逐步向中原渗透，至唐时，中国人已掌握制造这种铠甲的技术，并在军队中普遍装备。《唐六典》甲制将锁子甲列为第12位。（图7-42）

波斯萨珊王朝的开胸铠甲，东传到中国的年代较锁子甲要晚。从中亚康居卡施肯特城遗址出土的身披这种铠甲的骑士作战壁画、波斯萨珊国王狩猎图中国王的铠甲以及中国新疆石窟艺术中着开胸铠甲武士形象来看，这种铠甲有左右分开的高立领，铠甲一般前有护胸，下摆垂长及膝，

外展如裙。它最早当在公元6世纪或7世纪时传到中国，在新疆当地军队中流传时间最长。当时东传至中国中原是毋庸置疑的。

中国服装东传到日本，也是服装交流时代的一项重要内容。日本国在公元2世纪末至3世纪初时的服装样式还犹如中国原始社会的服式。《三国志·魏志·乌丸鲜卑东夷传·倭人传》记："其风俗不淫，男子皆露紒，以木绵招头。其衣横幅，但结束相连，略无缝。妇人被发屈紒，作衣如单被，穿其中央，贯头衣之。"男子"露紒"，是指露着发髻；"衣横幅，但结束相连"，即用一块布包裹身体。由于样式颇似后来在东南亚地区常见的僧侣服装，因此后人将日本在公元4世纪前的男子服装称为"袈裟衣"。女子的"贯头衣之"就是穿贯口式长衣，腰间束带，两腋下的布边敞开。

公元4世纪至7世纪，是日本的古坟时代。当时中国的文化自然以服装最为外显，直接东

图7-43　日本古坟时代男子服装

图7-44　日本画家绘制的《圣德太子像》（局部）

传到日本，使日本统治阶级开始穿用上下分装式服装，女式称"衣裳"，男式称"衣袴"。（图7-43）

中国六朝时期（公元5世纪）曾有缝衣女工由百济去日本。推古天皇十二年（604）时，日本又派人来中国江南聘请缝衣技工。《日本书纪》载："十四年春正月，丙寅朔戊寅，身狭村主青等共吴国使，将吴所献手末才伎，汉织、吴织及衣缝兄媛、弟媛等，泊于住吉津……三月，命臣连迎吴使，即安置吴人于桧隈野，因名吴原。以衣缝兄媛，奉大三轮神；以弟媛，为汉衣缝部也。"汉织、吴织、兄媛、弟媛，即是中国的机织工和缝衣女。在中国六朝文化的刺激下，日本雄略天皇曾采取一系列措施促进养蚕织绸事业的发展，盼望在日本也实现中国式的"衣冠之邦"。在他临死时，因未能实现这一愿望而深感遗憾，留下遗诏说："不谓遘疾弥留，至于大渐。此乃人生常分，何足言及。但四海百姓，衣食不丰，教化政刑，犹未尽善，兴言念此，唯以留恨。"［（日）木宫泰彦《日中文化交流史》］

公元593年，推古天皇即位。十年后，推古天皇的侄儿圣德太子为改革氏姓制度和打破门阀之见，仿效隋制，颁布"冠位十二阶"，制定了宫廷用冠和参朝服。他派遣使节来中国通交，邀请中国技工去日本传艺。著名的古画《圣德太子像》（图7-44），画中的太子头戴中国式幞头，身着初唐时的服装，已清楚地表明日本上层人士对中国服装的偏爱与推崇，同时说明了中国服装东传，给日本服饰发展带来的巨大推动力。

服装交流时代，只是表现出几个大国和其他诸多小国及民族之间的服装接触情况。从此以后，人类服装的发展摆脱了以往相对闭塞的状况，开始趋向于活跃的流动。而交流的活跃，必然决定了服装文化的更加繁荣。

第八章

服装融合时代

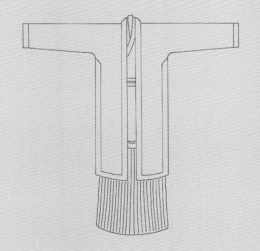

服装交流时代之后，是世界范围内更大规模的服装融合。交流是各个民族各个国家在服饰方面的接触，融合则是相互之间的渗透和互为影响。尽管这种融合分别由战争、迁徙和友好往来所构成，但在服装互相促进这一点上，作用几乎是一致的。

公元7世纪到11世纪，丝绸之路贯通欧亚大陆，并结出硕果。西至欧洲波罗的海，东到日本奈良城，经济、文化交流空前活跃，沿途的商人、乐者、驭手、织工乃至学子纷纷加入络绎不绝的行旅之中。于是，他们每人身上穿戴的衣着，加上囊中装的、手中织的一系列服饰，都使异域人眼界大开。当年，唐朝首都长安人影如云，熙熙攘攘。各国人士以其着装，使大唐在人类服装史上占尽风流，书写出空前绚丽辉煌的一页。

与此同时，在现今欧洲境内进行着民族之间长时间的战争。其中早先侵入不列颠的凯尔特人（或称高卢人）被以后侵入的凯尔特人追赶到不列颠诸岛的穷乡僻壤，或是逃往今天的爱尔兰和苏格兰的边远地区，成为后来的威尔士人。不断向易北河、莱茵河流域进发，曾一度越过波罗的海，沿维斯瓦河河谷由北向南而下，后再次向东进发的日耳曼人，在这一时期以前就到达了黑海一带。在这一混乱局面中，西亚的匈奴人也以其剽悍的性格和武装实力向东欧挺进，击溃了一些日耳曼人，最后又被几个民族的联合军队所击败，匈奴人中的一部分从此混居在欧洲各民族之中。在加速罗马帝国灭亡的战争中举足轻重的条顿人，陆续于公元4世纪至6世纪重新定居在欧洲大陆的大部分地区。东进到达黑海地区的就是闻名于世的哥特人。一部分哥特人占领了今天的意大利的大部分国土；另一部分哥特人则在阿拉里克的率领下，威逼和攻打了君士坦丁堡。在征服西班牙以后，他们便开始在这大片土地上享有主宰者的最高权力，一直到伊斯兰人征服他们为

止。向西流动的法兰克人在莱茵河以西成立西法兰克王国，阿利马尼亚人和撒克逊人成为今日德国一带的主要民族。在这连续几个世纪的战争与迁徙之中，欧洲和北非一些地区被条顿人占领，如其中的汪达尔人占据了埃及地区，勃艮第人定居在法国的东部和中部，伦巴第人占领了意大利北部，而不列颠的占领者是盎格鲁－撒克逊人和闪米特人。

中外服装史中的服装融合时代，正值中国唐代初年到宋代初年、日本从飞鸟时代到平安时代、拜占庭文明中期、欧洲中世纪前期、阿拉伯人文明（即伊斯兰教创立与向外扩张）以及西非纳入交易圈等重大事件发生的年代。在这一历史时期内，全人类居住的大部分地区，发生了翻天覆地的变化。至服装成熟时代，人类历史上发生的重要事件更多。与此相关的是，服装发展突飞猛进。由于各国各民族之间的交往活跃使服装款式、色彩、纹饰所构成的整体形象日益丰实、新颖、瞬息万变，服装制作工艺水平也大幅度提高。

可以这样说，服装融合时代，是中外服装史上互相交流并且开始共同促进的年代。这一时期的服装越来越显现出文化融合过程中的浸润力量。

一、欧亚丝绸之路结出硕果

丝绸之路的起点是中国长安、洛阳，由丝绸之路传到中亚、西亚以至波罗的海的中国丝绸，在给各国带去美妙织材的同时，也使中国的服装产生新奇变异。在中国唐代时期已经充分体现出文化交流之路给中国带来的繁荣。

中国在公元7世纪以后的三百年中，服装发生较大的变革，这在相当程度上要溯源至公元前138年和前119年张骞两次出使西域开辟的丝绸之路。当时传至中亚、西亚乃至欧洲的主要是丝绸，但同时，由中国北方民族和阿拉伯一带生产

的毛织物，也沿着这条路被引进到中原。在《汉书·高祖纪》中即有记载，如被称为"罽"的一种毛料。《风俗通义》记"文帝代服，衣罽，袭毡帽，骑骏马"，说明这时已以毛织物制作衣帽。汉末蔡文姬在《胡笳十八拍》词曲中有"毡裘为裳兮"的句子，确切说明是以毛织物和动物皮毛为衣服。从新疆古楼兰遗址的汉墓中发现，汉代的缂毛织物，已经同时织有中原传统的翼马和希腊罗马式的边饰图案。

杜笃《边论》写汉宣帝时，"匈奴请降，氍毹罽褥，帐幔毡裘，积如丘山"。古天竺和安息国有氍毹和五色罽等，也从海路运入中国。古罗马所出的毛织物，品类既多，纹饰也华美。《三国志·魏志·乌桓传》以为大秦所产"织成氍毹、氍毹、罽帐之属皆好，其色又鲜于海东诸国所作"。《魏略》说："大秦国以羊毳木皮、野丝作氍毹之属，五色、九色氍毹，其色鲜于海东诸国所作，也有三色九色。"还有织成细布"海西布"的，传说是用水羊毛所织，实际上是由羊毛和亚麻混纺而成的呢绒。月氏、安息、大秦的毛织物从汉代就源源不断地输入中国，给中国的织物与服装带来了新鲜气息。

从丝绸之路传入中国的香料，有印度的胡椒和姜，阿拉伯的乳香，索马里的没药、芦荟、苏合香、安息香，北非的迷迭香和东非的紫檀等。这些香料被做成香脂、香膏等运到中国，以做妆饰或熏衣香料。

沿着丝绸之路传入中国中原的还有埃及的十色琉璃、犍陀罗的火齐屏风、大秦的火浣布。再有罽宾的珠玑、珊瑚、虎魄（琥珀），天竺的象、犀、玳瑁，大秦的夜光璧、明月珠、骇鸡犀、珊瑚、朱丹、青碧等等。如果说其中一些服饰质料构成了中国唐代服饰变异的物质基础的话，那么直接导致中国服装在唐代"颇具异邦色彩"的原因，还有沿着丝绸之路进入中国内地的歌舞和音乐。

中亚、西亚传入中国的乐器，在汉代时就已有琵琶、箜篌、觱篥、笳、笛、角等。舞蹈和杂技也先后传入内地。陈旸《乐书》曾列："汉世之撞末伎、舞盘伎、长跷伎、跳铃伎、掷倒伎、跳剑伎、吞剑伎、舞轮伎、透峡伎、高絙伎、猕猴幢伎、缘竿伎、椀株伎、丹朱伎，唐世并在。"杂技在汉武帝时，已由传统的角抵戏发展成节目繁多的"百戏"，走索、倒立、扛鼎、缘竿、弄丸、弄剑、鱼龙变化、戏狮搏熊都包括在内。

这些来自埃及、罗马、阿拉伯、印度等地的杂技歌舞在使中国中原人赏心悦目的同时，乐舞者也带来了新奇鲜明的服饰形象。东汉晚期的汉灵帝（157—189）就深好自西传来的艺术，并穿着商贾（指当年"胡商"）的衣服，饮宴作乐。在他的倡导下，当时首都洛阳上层社会人士以追求胡服、胡乐、胡舞为好。这些都成为盛唐玄宗时期胡服热的铺垫。

二、中国唐代男女服装（含戎装）

中国唐代国力强盛，对外经济、文化交流甚广。因此，不仅对其他民族服装广收博采，而且也有不少服装对外产生影响，因而唐代服饰的发展盛况成为中西服装史中一个重要的组成部分。

1.男子圆领袍衫与幞头

在隋唐之前，中国服装已经趋于丰富，主要是经过魏晋南北朝时期的民族大融合，很多地区、民族的服装都在不同程度上因互相影响而有所发展，从而产生了一些新的服装和穿着方式。特别是从唐时起，服装制度越来越完备，加之民风奢华，因而服式、服色上都呈现出多姿多彩的局面。就男装来说，服式相对较为单一，但服色上却被赋予很多讲究。

圆领袍衫，亦称团领袍衫，是隋唐时期士庶、官宦男子普遍穿着的服式，当为常服。从大量唐代遗存画迹来观察，圆领袍衫明显受到北方民族的影响，整体各部位变化不大，一般为圆领、右衽，领、袖及襟处有缘边，文官衣略长而至足踝或及地，武官衣略短至膝下。袖有宽窄之分，多随时尚而变异。（图8-1、图8-2）

唐贞观四年（630）和上元元年（674），朝廷两次下诏颁布服色和佩饰的规定。第二次较前更为详细，即："文武三品以上服紫，金玉带十三銙；四品服深绯，金带十一銙；五品服浅绯，金带十銙；六品服深绿，银带九銙；七品服浅绿，银带九銙，八品服深

图8-1　穿圆领袍衫、戴软脚幞头的男子
摹北宋《游骑图》卷局部。

图8-2　袍下摆施一横襕的唐代服饰形象　唐阎立本《步辇图》局部

《游骑图》（局部，北宋）
全图纵 22.7 厘米，横 94.8 厘米。
故宫博物院藏。
这幅作品画的是唐朝仕宦贵族骑马出游玩乐时两人步行，一人策马缓慢行走的场景。从图中人物衣着和马匹装备等来看，人物服饰是典型的盛唐开元天宝年间式样。图中人物均穿圆领便服，袖子小而长。裹发用的幞头都为黑纱制成。

青，鍮石带九銙，九品服浅青，鍮石带九銙，庶人服黄，铜铁带七銙。"

此处需要注意的是，在服黄有禁初期，对庶人还不甚严格，《隋书·礼仪志》载："大业六年诏，胥吏以青，庶人以白，屠商以皂。唐规定流外官、庶人、部曲、奴婢服绸、绝、布，色用黄、白，庶人服白，但不禁服黄，后因洛阳尉柳延服黄衣夜行，被部人所殴，故一律不得服黄。"从此服黄之禁更为彻底了。一般士人未进仕途者，以白袍为主，曾有"袍如烂银文如锦"之句。《唐音癸签》也载："举子麻衣通刺称乡贡。"

袍服花纹初多为暗花，如大科绫罗、小科绫罗、丝布交梭钏绫、龟甲双巨十花绫、丝布杂绫等。至武则天时，赐文武官员袍绣对狮、麒麟、对虎、豹、鹰、雁等真实动物或神禽瑞兽纹饰，此举导致了明清官服上补子的风行。

幞头是这一时期男子最为普遍的首服，初期以一幅罗帕裹在头上，较为低矮。后在幞头之下另加巾子，以桐木、丝葛、藤草、皮革等制成，犹如一个假发髻，以保证裹出固定的幞头外形。中唐以后，逐渐形成定型帽子，名称依其演变式样而定。贞观时顶上低平称"平头小样"；高宗和武则天

《纨扇仕女图》（宋摹本，局部）
周昉（唐）
全图纵 33.7 厘米，横 204.8 厘米。
故宫博物院藏。

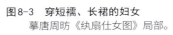

图8-3 穿短襦、长裙的妇女
摹唐周昉《纨扇仕女图》局部。

时加高顶部并分成两瓣，称"武家诸王样"；玄宗时顶部圆大，俯向前额称"开元内样"，皆为柔软纱罗缠裹而成。幞头两脚初似带子，自然垂下，至颈或过肩。后渐渐变短，弯曲朝上插入脑后结内，谓之"软脚幞头"。中唐以后的幞头之脚，或圆或阔，犹如硬翅而且微微上翘，中间似有丝弦，以令其有弹性，谓之硬脚。

幞头、圆领袍衫，下配乌皮六合靴，既洒脱飘逸，又不失英武之气，是汉族与北方民族相融合而产生的一套男子服装。

2. 女子冠服与妆饰

大唐三百余年中的女子服饰形象，可主要分为三种配套服饰。第一种谓之襦裙服，是典型的中原形制；第二种为女着男装，虽穿着款式以传统男装风格为主，但还是与异邦影响有关；第三种就是胡服，是直接选用外来服饰。

襦裙服主要为上着短襦或衫，下着长裙，佩披帛，加半臂，足蹬凤头丝履或精编草履。头上花髻。出门可戴幂䍦。（图8-3）

先说襦，唐代女子仍然喜欢上穿短襦，下着长裙，裙腰提得极高至腋下，以绸带系扎。上襦很短，成为唐代女服特点。襦的

《簪花仕女图》
周昉（唐）
全图纵 46 厘米，横 180 厘米。
辽宁省博物馆藏。
《簪花仕女图》是一幅举世闻名的唐代宫中妇女生活图卷，图中仕女衣着延续盛唐时开放的社会风气，袒胸、裸臂、披帛、斜领大袖，头上有饰物。此图中人物头梳高髻绾金钗、簪大花，身披薄纱大袖衫，内束长裙，裙上为抹胸。史称"裙襦大袖"。

《簪花仕女图》（局部）

图 8-4 穿大袖纱罗衫、长裙、披帛的妇女
摹唐周昉《簪花仕女图》局部。

领口常有变化，如圆领、方领、斜领、直领和鸡心领等。盛唐时有袒领，初时多为宫廷嫔妃、歌舞伎者所服，但是其一经出现连仕宦贵妇也予以垂青。

　　再说裙，这是当时女子非常重视的下裳。制裙面料多为丝织品，但用料却有多少之别，通常以多幅为佳。裙腰上提高度，有些可以掩胸，上

身仅着抹胸，外直披纱罗衫，致使上身肌肤隐隐显露。如周昉《簪花仕女图》（图 8-4）、《调琴啜茗图》（图 8-5），以及周濆诗"慢束罗裙半露胸"等诗、画即描绘这种装束，这是中国古代女装中最为大胆的一种。裙色可以尽人所好，多为深红、杏黄、绛紫、月青、草绿等，其中尤以石榴红流行时间最长。

同时有半臂与披帛，这是襦裙装中的重要组成部分。半臂似今短袖衫，因其袖子长度在裲裆与衣衫之间，故称其为半臂。披帛，当从狭而长的帔子演变而来。后来逐渐成为披之于双臂、舞之于前后的一种飘带了。

唐女发式与面靥很讲究，常见的发式有半翻、盘桓、惊鹄、抛家、椎、螺等近三十种，上面遍插金钗、玉饰、鲜花和酷似真花的绢花。这些除在唐仕女画中得以见到之外，实物则有出土的金银首饰和绢花。（图8-6）唐代妇女好面妆，奇特华贵，变幻无穷，唐以前和唐以后均未出现过如此盛况，如面部施粉，唇涂胭脂，元稹诗有"傅粉贵重重，施朱怜冉冉"。根据古画或陶俑面妆样式，再读唐代文人有关诗句，基本可得知当年面妆概况，如傅粉施朱之后，要在额头涂黄色月牙状饰面，卢照邻诗中有"纤纤初月上鸦黄"，虞世南诗中有"学画鸦黄半未成"等句。各种眉式流行周期很短，据说唐玄宗曾命画工画出十眉图，有鸳鸯、小山、三峰、垂珠、月棱、分梢、涵烟、拂云、倒晕、五岳。从画中所见，也确实大不相同。想必是拔去真眉，而完全以黛青画眉，以赶时兴。（图8-7）双眉之间，以金、银、翠羽制成的"花钿"是面妆中必不可少的，温庭筠诗"眉闱翠钿深"及"翠钿金压脸"等句道出其位置与颜色。另有流行一时的梅花妆，传南朝宋武帝女寿阳公主行于含章殿下，额上误落梅花而拂之不能去，引起宫女喜爱与效仿，因而，亦被称为"寿阳妆"。太阳穴处以胭脂抹出两道，分在双眉外侧，谓之"斜红"，传说源起于魏文帝曹丕妃薛夜来误撞水晶屏风所致。面颊两旁，以丹青朱砂点出圆点、月形、钱样、小鸟等，两个唇角外酒窝处也可用红色点上圆点，这些谓之妆靥。以上仅是唐代妇女一般的面妆，另有别出心裁者，如《新唐书·五行志》记："妇人为圆鬟椎髻，不设鬓饰，不施朱粉，惟以乌膏注唇，状似悲啼者。"诗人白居易也写道："时世妆，时世妆，出自城中传四方。时世流行无远近，腮不施朱面无粉。乌膏注唇唇似泥，双眉画作八字低。妍媸黑白失本态，妆成尽似含悲啼。"（图8-8至图8-10）

女着男装，即全身仿效男子装束，成为唐代女子服饰的一大特点。《新唐书·五行志》载："高宗尝内宴，太平公主紫衫玉带，皂罗折上巾，具纷砺七事，歌舞于帝前，帝与后笑曰：'女子不可为武官，何为此装束。'"形象资料可见于唐代仕女画家张萱的《虢国夫人游春图》（图

图8-5　《调琴啜茗图》（局部）
　　周昉（唐）
　　全图纵28厘米，横75.3厘米。
　　美国纳尔逊·阿特金斯艺术博物馆藏。
　　这幅作品描绘了三位坐在庭院里的唐代贵妇在两位女仆的伺候下弹琴、品茶、赏乐的生活情景，表现出了唐代贵族妇女闲散恬静的享乐生活。唐代独特的生活美学似可触摸。

高髻

坠马髻

垂鬟髻

图8-6 《簪花仕女图》和《虢国夫人游春图》中的发式

图8-7 《簪花仕女图》（局部）中的黛眉

唐周昉所作《簪花仕女图》中的女子黛眉极具特色，既短又阔，末端向上扬起，晕染出上浓下淡好似蚕蛾翅膀的眉形，所以黛眉又被称为浓晕蛾翅眉。

082

《捣练图》（局部）
张萱（唐）
全图纵 37 厘米，横 145.3 厘米。美国波士顿美术博物馆藏。
此图中妇女头梳高髻、绾梳子形簪子，额头有花钿。身着上襦下裙，肩披帛。在裙及上衣的图案中有精细的织物纹样。

花钿样式

图8-8　《捣练图》及花钿样式
　　花钿面妆究竟有多美？南朝梁简文帝曾在诗句中这样描写："约黄能效月，裁金巧作星。"诗中"约黄"形容的就是花钿。诗人将花钿形容为夜空中灿烂的月亮和星星，明媚、优雅，十分动人。唐朝的花钿形状常见的有圆形、梅花形、水滴形、宝相花形等。

①贴"花钿"、抹斜红、梳"望仙髻"
的女子

②贴"花钿"、疏"螺髻"的女子

③梳"云髻"的女子

④贴"花钿"、绘"妆靥"、梳"乌
蛮髻"的女子

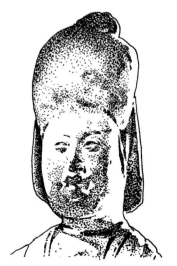

⑤梳"高髻"并佩巾的女子

⑥梳"双垂髻"的女子

图8-9 妇女面妆与发式（一）

①戴"花冠"的女子

②饰"花梳",画"八字眉"、贴"花
钿"的女子

③梳"蛮椎髻"(或堕马髻)、贴"花
钿"的女子

④梳"垂练式丫髻"的女子

图8-10 妇女面妆与发式(二)

8-11)等古代画迹之中。女子着男装,于秀美俏丽之中别具一种潇洒英俊的风度。同时也说明,唐代对妇女的束缚明显小于其他封建王朝。

胡服盛行是有社会背景的。初唐到盛唐间,北方游牧民族匈奴、契丹、回鹘等与中原交往甚多,加之丝绸之路上自汉至唐的骆驼商队络绎不绝,对唐代臣民影响极大。特别是胡服,这种包含古印度和波斯很多民族成分在内的一种装束,使唐代妇女耳目一新。于是,一阵狂风般的胡服热席卷中原诸城,其中尤以首都长安及洛阳等地为盛,其饰品也最具异邦色彩。元稹诗:"自从胡骑起烟尘,毛毳腥膻满咸洛。女为胡妇学胡妆,伎进胡音务胡乐……胡音胡骑与胡妆,五十年来竞纷泊。"唐玄宗时酷爱胡舞胡乐,杨贵妃、安禄山均为胡舞能手,白居易《长恨歌》中的霓裳羽衣舞即是胡舞的一种。另有浑脱舞、柘

图8-11　穿男装的女子
摹唐张萱《虢国夫人游春图》局部。

《虢国夫人游春图》（宋摹本，局部）
　　张萱（唐），全图纵51.8厘米，横184厘米。
　　辽宁省博物馆藏。
　　图中着白衣骑马的男子有可能是女扮男装的虢国夫人。由于盛唐世风开放，女性地位较高，杨家姐妹更是备受尊敬。这种女扮男装的审美或许只有在唐代才流行。

枝舞、胡旋舞等，对汉族音乐、舞蹈、服装等艺术门类都有很大触动。唐白居易《胡旋女》中所记"臣妾人人学圜转"的激动人心的场面是可以想象到的。（图8-12、图8-13）

　　浑脱帽是胡服中首服的主要形式。最初是游牧之家杀小牛，自脊上开一孔，去其骨肉，以皮充气，谓曰皮馄饨。至唐人服时，已用较厚的锦缎或乌羊毛制成，帽顶呈尖形，如"织成蕃帽虚顶尖""红汗交流珠帽偏"等诗句，即写此帽。纵观唐代女子首服，在浑脱帽流行之前，曾经有一段改革的过程，初行幂䍠，复行帷帽，再行胡帽。

3.唐服实力与影响

　　中国中原服装自唐初至宋初这一历史阶段，发生着惊天动地的变化，尤其是唐代三百年中的盛唐时期，以女服为代表的中国服装日新月异，焕发出以往所不曾有过的浓烈的异邦风采。造成服装变异，而且是向更高水平发展的原因，不仅仅是与诸国的友好往来，它必须拥有一些内在有利条件，才能使唐代服装取得如此长足的进步。（图8-14至图8-21）

　　中国唐代丝织产地遍及全国，丝织品种、产量、质量都相当惊人，这不仅表明中国是一个闻名于世的丝国，而且还说明了唐之前必然有一个丰厚并坚实的基础。而且唐代的金银饰品为庶民所普遍佩戴，做工上精益求精，都不会是出之于偶然。即使说这种大的飞跃发生在唐代，那么，与前代所奠定的基础也是分不开的。

图8-12　穿回鹘装、梳回鹘髻的妇女
摹甘肃安西榆林窟壁画局部。

图8-13　翻领窄袖胡服和佩蝶躞带示意图

图 8-14 文吏俑
　　彩绘贴金陶塑，唐，高 68.5 厘米，陕西礼泉张士贵墓出土，昭陵博物馆藏。

图 8-15 仕女俑
　　陶塑，唐，高 39.8 厘米，陕西长武郭村唐墓出土。

图 8-16 骆驼载乐俑
　　三彩釉陶塑，唐，高 66.5 厘米，陕西西安南何村鲜于庭诲墓出土，中国国家博物馆藏。

图 8-17 仕女俑
　　三彩釉陶塑，唐，陕西西安中堡村唐墓出土，陕西历史博物馆藏。

图8-18　金玉宝钿带饰
　　白玉缘，中央为金板，上嵌珠宝团花，金板下铆铜板托垫。珠光宝气，富丽之极。主人为初唐显贵。

图8-19　金筐宝钿玉梳

图8-20　双鸾衔绶纹葵花镜
　　图案舒展优雅，双鸾所衔的也是绶（寿）带，故此镜应含献寿意义。

图8-21　金银平脱花鸟纹葵花镜
　　此镜藏日本奈良正仓院。正仓院珍藏皇家宝物，保管严格，大批8世纪中期的作品仍保存完好。

图8-22 唐代对马对鸟纹锦图案1

图8-23 唐代对马对鸟纹锦图案2

三国两晋南北朝时，服装种类异常丰富，如《三国志·魏志·夏侯尚传》记："今科制自公、列侯以下，位从大将军以上，皆得服绫锦、罗绮、纨素、金银、缕饰之物。"据《册府元龟》记载：晋惠帝宫中有锦帛四百万，当"八王之乱"时，张方兵入内殿取物，每人持御绢二匹，取了三天还没有取空一角，数量之大，实在惊人。《三国志·蜀志》记："益州既平，赐诸葛亮、法正、飞及关羽金各五百斤，银千斤，钱五千万，锦千匹。"蜀汉景耀六年（263）国家拨给大将姜维锦、绮、彩各20万匹，以充军资。

丝织物不仅数量惊人，品种花色也异常丰富。织出花纹的锦缎已经灿若云霞，这还不能说明唐以前全部织物的成就，因为唐以前的刺绣工艺已是技艺高超，构思美妙的。唐代陆龟蒙曾有一篇《记锦裙》，说侍御史赵郡李君家藏有古锦裙一条，幅长四尺，下阔六寸，上减四寸半，在这样不大的幅面上，左绣仙鹤二十，势若飞起，率曲折一胫，口中衔花；右绣鹦鹉二十，耸肩舒尾，并满布花卉纹饰、极细的花边，点缀金钿之类。如果我们再结合当年织绣实物，就完全能够看到其辉煌灿烂，造就了一代充满自信的大唐。（图8-22至图8-24）鲁迅在《看镜有感》中曾说："遥想汉人多少闳放，新来的动植物，即毫不拘忌，来充装饰的花纹。唐人也还不算弱，例如汉人的墓前石兽，多是羊，虎，天禄，辟邪，而长安的昭陵上，却刻著带箭的骏马，还有一匹鸵鸟，则办法简直前无古人。""……汉唐虽然也有边患，但魄力究竟雄大，人民具有不至于为异族奴隶的自信心，或者竟毫未想到，……绝不介怀。"（图8-25至图8-31）

图8-24 联珠对龙纹绫

作为当时世界上最富庶的文明之邦，唐代人向各民族文化艺术敞开了博大的胸怀。就以对待宗教的态度来讲，唐人容许了道、佛的并存，尽管其中有崇佛贬道或崇道贬佛者。

当时，与大唐交往的西亚诸国有古印度、波斯以及地中海一带的国家。东方的则有朝鲜、日本和南亚沿海国家。与大唐交往的非洲国家已不限于埃及，通过海路联系的有坦桑尼亚和索马里等几个国家。这些国家的商人，有些住在长安、洛阳，有些住在广州、扬州。他们长期居住，开设商店；有些人将骆驼、马匹牵到中国卖掉，并就此进行饲养。除商人外还有各国派遣的使臣和留学生、学问僧。如果再加上西北少数民族（当

时也被称之为西域胡人）的大量涌入中原，这些人所带来的灿烂夺目的异族文化，都具有新鲜感与吸引力，使大唐人士为之倾心瞩目，很快地便接受并吸取了。

很显然，这只是体现出唐人广收博采的一方面，唐人并未满足被动式地接受这些送到东土的文化。大唐政权还不止一次地派遣使臣、僧侣到原发地去取"真经"，同时又在去域外经商、讲学之中，广泛地吸取异邦文化的精华。其间，最明显引起唐人兴趣的，当然是各国家、各民族异彩纷呈的服装，这是中国中原人服装在公元7世纪至11世纪之间产生大变异的动力。（图8-32至图8-37）

图8-25　唐代宝相花纹织锦

图8-26　联珠野猪头纹锦
　　萨珊式纹样。祆教的军神化身就包括"精悍的猪"。随着波斯、中亚的伊斯兰化，它也绝迹于装饰。

图8-27　花鸟纹锦
　　锦上花卉以牡丹为主，开元以降，长安等地的富贵人家玩赏牡丹正如醉若痴。

图8-28　宝相花纹锦琵琶囊局部
　　色彩华美繁丽，图案气象阔大，此是已知最精彩的唐代宝相花纹锦。

图8-29 朵花绞缬罗局部
　　图案色彩浸润，深浅浓淡自分，有变幻莫测之妙。

图8-30 刺绣释迦如来说法图
　　唐代的大型绣像还在敦煌藏经洞有发现，但无论构图、绣技，水平均不及此作品。

图8-31 夹缬绢两种
　　用为幡，都带联珠圈纹，但联珠内填有花朵。此应是8世纪中期的作品。

由于当时的日本、朝鲜（新罗）、波斯、越南、印度、罗马（大秦），以及阿拉伯诸国的使者和商人往返于大唐和本国之间，所以无形中起到了一个双向传播的作用。唐代服装面料、服装制度以及具体服装饰件，都对诸国产生了影响，使很多国家将唐服作为最完备的服制引进国内，甚至至今还被某些国家视为正规礼服。许多侨居在中国的各国人士，深受中国文物典章制度的感染，于是采用汉族人姓名，学习汉字，与中国女子通婚。其中必不可少的一点，就是穿戴唐式衣冠，延用唐朝礼仪。

早在唐以前，东晋法显和尚从长安经陆上丝绸之路到天竺等地取经，然后由海路回国。当他路过狮子国（今斯里兰卡）时，看见当地商人使用"晋地白绢扇"，这说明当时中国的丝绸已到南亚。公元6世纪，中国最早发明的脚踏纺车、提花机，通过古安息（今阿富汗北部布哈拉地区）、条支（现在的阿富汗、伊朗、叙利亚境内）等地传到西方各国。一些熟练的纺丝工匠也跋山涉水、不远万里，到中亚、西亚等地传授纺织技术。

公元748年，小勃律（古西域国家，今吉尔吉特）国王苏失利芝到了长安，被赐紫金袍金带。公元780年，汉化式地穿着唐式服装和汉人混居的各国人士已有两千人以上。这些人将唐式服装穿戴回国，直接带去了唐代衣冠制度、服饰装束，使唐式服装和大唐帝国的威名一起传播到全世界。

唐朝是无愧于盛名的。留传至今的一本《阿拉伯游记》中，写了这样一段有关唐朝的佳话：一位阿拉伯商人拜见中国官员，官员感到商人的眼睛总是盯着他的领口处看，不禁顿生疑惑，阿拉伯商人无限感慨地说："中国的丝衣真是了不起，隔着一层丝衣竟能看见您胸前的黑痣。"唐朝官员听后哈哈大笑："我哪里是一层丝衣。"边说边撩开领口和袖口说："我穿了

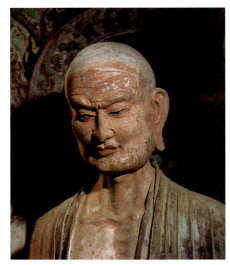

图8-32　迦叶像
彩绘泥塑，唐，全像高172厘米，甘肃敦煌莫高窟45窟。

图8-33　菩萨像1
彩绘泥塑，唐，甘肃敦煌莫高窟194窟。

图8-34　菩萨像2
　　　彩绘泥塑，唐，全像高185厘米，甘肃敦煌莫高窟45窟。

图8-35　佛坐像
　　　彩绘泥塑，唐，高219厘米，甘肃敦煌莫高窟328窟。

图8-36　半跏菩萨像
　　　彩绘泥塑，唐，高190厘米，甘肃敦煌莫高窟328窟。

图8-37　阿难像
　　　彩绘泥塑，唐，全像高176厘米，甘肃敦煌莫高窟45窟。

五件丝衣。"今日听起来有些离奇，但是如果亲眼见到中国湖南长沙马王堆汉墓出土的衣长160厘米、袖子通长195厘米、重量却只有49克的素纱禅衣的话，这种疑惑便会打消了。换句话说，游记留下的故事中所叙情景是颇为可信的。

在中华书局于2008年出版的《中外历史年表》（主编翦伯赞）中，当作这一历史阶段大事列出的就有多项与服装有关，如公元719年，日本定妇女服制；公元733年，新罗承唐命遣兵会唐军攻渤海，无功，唐遗绣袍、金银器物、锦、丝遣使陈谢；公元881年，日本禁男女服浅黄及丹色衣服；公元900年，中亚手工业技术受中国影响甚大，撒马尔罕之纸、丝织品、铜器、马具、毛织品俱极有名；公元942年，日本禁服深红色；公元960年，高丽定百官公服，以紫、丹、绯、绿为别；公元975年，越南、大瞿越、定文武冠服，遣使献金、帛、犀、象；公元1001年，日本定衣服车马之制；公元1014年，高丽遣使如宋献金丝织成（"织成"为织物名）龙凤鞍韂、绣凤鞍韂及良马……在中外交通中，一些与大唐有关系往来的国家，在衣冠制度、具体装束上都倾慕大唐的风范，受到大唐深刻的影响。在这一时期诸国服装发展中，唐朝所起到的明显或潜移默化的作用，是功不可没的。

玄奘曾记西域窣利（也译为粟特，在中亚阿姆河、锡尔河之间的泽拉夫珊河流域，属中国隋唐时所称的康国一带）民众，虽然穿的还是毛织物的衣服，但是"齐发露顶，或总剪剃，缯彩络额"，即以稀有贵重的中国丝绸，仿照中国裹头方式加以装饰。

在唐王朝对诸国服装产生的直接或间接影响之中，尤以对日本国的影响最大。由于日本国的服装成型、定制主要依仗于中国魏晋与隋唐的引进，所以日本服装的历史状况特别引人注目。总之，唐代服装集各国服饰精华，融会贯通，形成

自己的风格，又随着大唐在世界的声望，反射给各国，其本身就成为服装融合时代的重要枢纽或角色。（图8-38）

图8-38 以西域常服作为舞衣的女子
墓三彩俑，选自台北《故宫文物月刊》。

4.唐代戎装精致威武

中国军戎服装的形制，在秦汉时已经形成规制，经魏晋南北朝连年战火的熔炼，至唐代更加完备。如铠甲，《唐六典》载："甲之制十有三，一曰明光甲，二曰光要甲，三曰细鳞甲，四曰山文甲，五曰乌锤甲，六曰白布甲，七曰皂绢甲，八曰布背甲，九曰步兵甲，十曰皮甲，十有一曰木甲，十有二曰锁子甲，十有三曰马甲。"又记："今明光、光要、细鳞、山文、乌锤、锁子皆铁甲也，皮甲以犀兕为之，其余皆因所用物名焉。"由此看来，唐时铠甲以铁制者最多，其他所谓犀兕制者，可能是水牛皮为之，另有铜铁合金质和布、木甲等。从历史留存戎装形象来看，其中明光铠最具艺术特色。这种铠甲在前胸乳部各安一个圆护，有些在腹部再加一个较大的圆护，甲片叠压，光泽耀人，确实可以振军威、鼓士气。戎装形制大多左右对称，方圆对比，大小配合，因此十分协调，突出了戎装的整体感。铠甲里面要衬战袍，将士出征时戴金属头盔，谓之"兜鍪"，肩上加"披膊"，臂间戴"臂鞲"，下身左右各垂"甲裳"，胫间有"吊腿"，下蹬革靴。铠甲不仅要求款式符合实战需要，而且色彩也要体现出军队的威力与勇往直前的精神。（图8-39、图8-40）

图8-39　戴兜鍪、穿铠甲、佩披膊、扎臂鞲、垂甲裳与吊腿并衬战袍、蹬革靴的武士
摹甘肃敦煌莫高窟彩塑。

此塑像为盛唐时期武士装扮。人物身着有精美图案的铠甲，铠甲内有锦袍，铠甲以革带或皮绳束扎。

图8-40　唐代彩绘陶俑　中国国家博物馆藏

不能不承认，坚实的经济基础，丰富的文化生活，尤其是华美的唐代官民服装影响了当年的戎装，但是，反过来戎装也会影响人们的常服。唐代以前的南朝宋、齐几位年轻的君王，就曾喜欢日常穿戎装。如宋后废帝刘昱（公元473至477年在位）就被皇太后斥为"弃冠毁冕，长袭戎衣"（《宋书·后废帝本纪》）。齐东昏侯萧宝卷（公元498至501年在位）也是"戎服急装缚裤，上著绛衫，以为常服，不变寒暑"（《南齐书·东昏侯纪》）。到了唐代，僖宗乾符年间（874—879），"洛阳人为帽，皆冠军士所冠者"（《新唐书·五行志》），甚至"军装宫妓扫蛾浅"（李贺《河南府试十二月乐词·三月》），连宫女也把戎装当作时装了。另外，战国时期赵武灵王推行"胡服骑射"以后，裤子逐渐演变为男性常服；南北朝后，裲裆为男女内衣或外衣的常用款式，这都是戎装向常服渗透的结果。由此来说，唐代戎装难以超越的美感显然与唐服的炫丽璀璨分不开。

三、日本服装形成特色

据中国古籍《三国志·魏志·东夷列传》记载：在公元238年，日本女王卑弥呼派遣专使来中国，向当时的魏明帝赠斑布（韧皮纤维织的布）二匹三丈。魏明帝回赠了绛地交龙锦、绛地绉粟罽、茜绛、绀青、绀地句文锦、细班华罽、白绢等丝毛纺织品百匹以上。日本使者除了将这些珍贵的纺织品带回去以外，还通过参观和了解，把中国当时的提花、印染等技术也带了回去。日本《古事记》记载：从六朝时期陆续到日本侨居的中国纺织工人，对日本古代的纺织、印染、缝纫技术的发展，作出了特殊的贡献。至今在日本寿命寺所藏的古画中，还保留有古代中国纺织女工的画像，寄寓了日本人民怀念和崇敬的深情。

日本法隆寺曾保存了一些中国隋代的丝织品。其中著名的有四大天王狩猎纹锦，图案以树为中心，配有四个骑马的胡人作射狮状。这种典型受希腊、波斯风格影响的中国丝织品在日本收藏，更说明了丝绸之路的东向终点是日本，而日本的服装发展也得到过丝绸之路的浸润。

在日本正仓院所藏的唐锦中，有狮子唐草奏乐纹锦、莲花大纹锦、唐花山羊纹锦、鸳鸯唐草纹锦、狮子华纹锦、狩猎纹锦、鹿唐花纹锦、莲花纹锦、双凤纹锦、宝相花纹锦、花鸟纹锦、唐花纹长斑锦和花鸟纹晕涧锦等，更可以证实以上的结论。

毫不夸张地讲，日本服装在对外交流中趋向成熟，其中影响最大的外国首推中国，特别是在日本的飞鸟时代、奈良时代和平安时代，直接受到中国隋唐时期的积极影响。（图8-41、图8-42）除了日本到中国观摩、聘请缝衣女工等主动学习以外，唐政府还给予有意扶持与资助。因为当年往来于东海、黄海之间的日本遣唐使和学问僧很多，对此，唐政府赠给每人每年丝绸25匹及四季衣服，以资鼓励。这些留学生或学经的人，在返归日本时，还要带回大量的丝织品。有一个名叫城桑的僧侣，到过浙江台州，获得了珍贵的"青色织物绫"而归。直到今天，日本著名的正仓院内，除珍藏着前述中国唐代传输过去的各种绚丽的锦、绫等名贵织物外，还有各种夹缬、蜡缬等印染品。据《正仓院》记载："唐代运去了彩色印花的锦、绫、夹缬等高贵织物，促使日本的丝织、漂印等技术获得启发。"至今，日本纺织印染技术书籍中，仍大量沿用绞缬、蜡缬、绝、罗、毡、绸、绫、羽等中国唐代的汉字名称。

在服装交流时代，曾述推古天皇十二年（604），日本制定服装制度——冠位十二阶。在服装融合时代，可以看到前代的服装交流和这一时期的服装融合。已经显现出更为具体和实际的效果。

图8-41　日本平安时代白描东大寺戒坛院扉绘图中的人物服饰　奈良国立博物馆藏

图8-42　日本奈良时代《绘因果经图卷》（局部）

日本文武天皇大宝元年（701），政府颁布有律六卷、令十一卷的《大宝律令》。在《大宝律令》中明文规定制作衣服要仿造中国式样，宫廷朝服也模仿唐代朝服，如天皇身穿红地绣有日、月、星辰和龙、山、火等花纹的"衮龙御衣"，是典型的中国服装古制中十二章冕服式样。文职官员头戴冠冕，穿大袖上衣、小袖内衣，下着外裤、里裤，脚穿朝靴，腰佩腰刀，手捧朝笏。宫廷女子也要在小袖内衣的外面罩正式装，这都是中国古制的反映。《新订增补国史大系·续日本纪》载："天平二年四月庚午，天皇下诏'自今以后，天下妇女，改旧衣服，施用新样'"。"施用新样"是学习推广唐装的进一步措施。

公元719年，即日本的养老三年，天皇曾下令"天下百姓右襟"。这是使日本服装式样进一步向中国服式靠近的重要措施。因为中国中原人自周代以后都是向右掩衣襟，并因此将中国西北少数民族向左掩襟的习惯一律归为"胡服"，将西北边域人称为"左衽之人"。日本显然是以唐服为文明象征的。同时，日本在注释《养老律令》的《令义解》中，甚至对缝衣方法提出了具体要求。承和九年（842），仁明天皇又诏书："天下仪式，男女衣服，皆依唐法，五位以上位记，改从汉样，诸宫殿院堂门阁，皆着新额。"

（日本古川弘文馆刊《新订增补国史大系·续日本后纪》）

奈良时代，曾经到过中国的遣隋、遣唐使节积极传播在华见闻，力主服装革新。就在颁布《养老律令》的718年，遣唐大使多治比县守回国。第二年正月进朝朝贺时，他特意穿上了唐朝廷赐给他的朝服。天平宝字六年（762），原遣唐使吉备真备在大宰府监造棉质袄、胄各20250具，完全仿效唐代服装款式，连配色也参照中国的五行学说，按赤、白、青、黄、玄的顺序和寓意制定。弘仁九年（818）曾到大唐学习的菅原清公奏请朝廷规定天下礼仪，男女衣服悉仿唐制，五位以上的位记都改汉式。（图8-43、图8-44）

在中国史籍《旧唐书·东夷传》中记载：日本文武朝时的遣唐执节使粟田真人来唐，衣着"犹中国户部尚书，冠进德冠，其顶为花，分而四散，身服紫袍，以帛为腰带"。1972年3月，日本奈良县明日香村发现了一座名为高松冢的古坟。这座古坟大约建于7世纪末8世纪初，坟内壁画上的男子服装也完全是中国唐装样式。

在日本文化服装学院、文化女子大学合编的《文化服装讲座》一书中，编者在以形象资料排列出西洋和日本服饰形象变迁史之前，特意附了一

图8-43　日本奈良时代仿照中国隋代贵妇服装制作的衣服

图8-44　日本奈良时代至平安时代的贵妇服装

个"西洋与日本服装变迁表"。在这个表格中，编者将新石器时代称为日本文化的绳纹式文化时代，将金石并用时代称为日本的弥生式文化时代。同时，将这两个时代称为日本服饰演变史中的固有

服装时代。在这以后的古坟文化时代，被编者注为日本服饰的朝鲜风俗移入时代。实际上朝鲜包括服饰在内的风俗，也无不受到古代中国的影响。

本章的"服装融合时代"，正值日本的飞鸟

图8-45　日本江户时代具有隋唐服饰风格的绘画作品1　喜多川歌磨

图8-46　日本江户时代具有隋唐服饰风格的绘画作品2　喜多川歌磨

时代、奈良时代和平安时代。日本《文化服装讲座》的编者将飞鸟、奈良以及平安时代前期称为日本服装的模仿隋唐时代。从传世或出土的艺术形象上看，这一时期的男女服饰形象确实是不折不扣的唐装。

《文化服装讲座》编者将平安时代后期划入在此以后的日本服装发展时代。这种划分日本服装演变年代的方法，与本书年代的划分是一致的。也就是说，日本受中国隋唐影响的时期，正是日本服装逐渐自成特色的时代，而后顺利进入日本服装发展时代，再进入日本服装全盛时代。全盛时代已经是公元16世纪和17世纪日本江户时代的事情了。（图8-45、图8-46）

可以这样说，日本服装模仿隋唐服装时代，对于日本服装形成特色是至关重要的一个阶段。

四、拜占庭与西欧服装继续发展

在"服装融合时代"的概述里，简略地介绍了欧洲大陆由于频繁战争而导致的社会动荡。这一国与国之间割据的局面至迟发生于公元前6世纪，一直持续到公元7世纪，当然这并不等于就此结束。

这一阶段，亚洲大陆上虽然也是战火连天，但是总体上相对稳定，因此为友好往来提供了有利的条件。就服装而言，当然是由于各国之间的频繁交往促进了相互的发展。与此同时，以欧洲诸国和拜占庭、埃及为首的地中海一带国家，在弥漫的血雨腥风中变换着大大小小、长期短期的共和帝国与独立城邦。可以说，拜占庭与欧洲的服装发展在兴亡明灭中显示出独特性。任何事物都有其利弊两方面，拜占庭和欧洲人的服装，就由于割据、兼并而刺激了风格的新生。不过，欧洲当时一些华贵、制作精美的服装主要集中在上层社会之中，而不像和平时期，普通百姓的服装也同样得到改善。

由于战火频仍，因而当时许多服装都与战服

有关，而且帝王穿战服上朝听政司空见惯，并没有像中国所恪守的礼仪规定那样战服主要用于战场。只不过，这里所谈到的"战服"，是指服装风格。就是说，在这一历史时期内，由于常年战乱，人们的常服在很大程度上受到战服影响。加之罗马人一贯英勇善战，在帝国所征服的很多地区中，都自然地吸取了罗马的服装风格。罗马的服装即使非战士所服，也是利于作战的，这一点决定了当时欧洲以及地中海一带战服的普及。

1.威武的战服

紧身衣，曾被视为罗马帝国时期充分体现英武之气的服式。公元6世纪时，罗马皇帝加斯蒂尼安的紧身衣，已是全身上下布满了黄金装饰，力求在不失勇士风范的同时，又显示富有和权威。到了公元11世纪，拜占庭帝国皇帝奈斯佛雷斯·波塔尼亚特，身着更为庄重典雅的紧身衣。它由最别致的紫色布料制作而成，周身用金银珠宝排成图案，使帝王在威严之中显露出高贵，在奢侈之中又未丢掉其勇士之风。

拜占庭帝国的服装，始终保留着英勇善战的风貌。尽管他们后来已经移居西亚，但其服装传统仍然保留了欧洲服装尚武的风格。拜占庭服装中，除了典型的紧身衣在这一时期向高水平发展之外，其他如斗篷、披肩等也有不同程度的提高。在帝国对外强制推行罗马文明进程中，紧身衣与斗篷几乎遍布了西欧。就在罗马企图吞并不列颠岛的长达二百年的战争中，人们已将紧身衣作为战服甚或常服。罗马一位历史学家凯希斯·迪欧在描述英格兰不列颠岛反击罗马的女英雄时，曾写道："就其本人，勃迪希娅身材高大结实，强壮有力，两眼炯炯有神；她的言辞尖锐有力，颇具说服力，很有煽动性。她的棕色的浓密长发垂落于腰部以下，颈部佩戴金光闪闪的大项链，身穿五光十色的贴身的紧身衣，显得英姿飒爽，飘逸俊秀，最外层是一件厚厚的短式斗篷，以饰针固定。"

罗马人征服英格兰以后，罗马历史学家斯特拉斯对人们的服装曾加以新的描述："在正式场合，国王、大臣和贵族成员通常要穿衣长至脚踝的宽松外衣，外面再披上一件斗篷，用饰针将斗篷固定于双肩或前胸，服装的下部和周边饰有金质镶边，或者是五颜六色的大花图案。……士兵和普通百姓穿的是紧身套头衣，长至双膝。一件斗篷披于左肩，但固定于右肩；斗篷的周边也同样镶有金边。平时，国王和贵族成员的衣着装束与平民百姓的很相近，只是在装饰方面略有增添，稍微讲究一些。从外形看，这种衣服很像裙衣，要从头部套下来；但是，底边的装饰随着历史的演变而有所不同，较为富有的人，在衣着装饰上比较讲究，常以珍珠和红、绿宝石装点自己的服装。"

随着日耳曼人占领西欧，罗马人在西欧传播罗马文化的势头逐渐衰落下去。但是，紧身衣和斗篷的着装形象，仍然被西欧人保持着，以至中世纪初期男女服装主要是由内紧身衣和外紧身衣构成，尽管衣身的长短随着装者身份和场合而定。在紧身衣外面，再罩上一种长方形或圆形的斗篷，然后将其在一肩固定或在胸前系牢。

大英博物馆收藏的一部手稿，里面有劳瑟雷皇帝的画像，他身穿短式紧身衣，外套一件锁紧领口的罩衣，最外面是一件镶金饰银的斗篷，上面不仅有刺绣花纹，而且还装饰着一些红蓝宝石，固定斗篷的那枚饰针格外漂亮别致，恰好与皇冠上的涂金以及珍珠宝石交相辉映。（图8-47）在这部手稿的同一页上，还有一幅画面，是一位身带乐器的男人形象。他上身是深绿色紧身衣，衣袖很窄，紧紧地贴着双臂，臂肘以下表面呈现褶皱。镶嵌金银的红色斗篷，以金质纽扣固定在左肩，比劳瑟雷皇帝的斗篷要略长一些。在表现下层人物形象的插图中，有一位牧羊人，他身着长袖紧身衣，腰间系着带子，外面披着粗毛呢料的斗篷，斗篷固定于右肩。另一幅画上是

图8-47　劳瑟雷皇帝在画像上的服饰形象

两个男人，身穿长过膝盖的紧身衣，一个人衣袖较短，另一个人的衣袖却很长，这两件紧身衣都是圆形紧式的领口，衣襟缝位于身前中央部位。这几幅画面上处于同一时期但属于不同阶层的人物形象，说明了当时服装款式差异不大，只是以形象上的佩饰质料以及服装面料的高低来区分等级。紧身衣与斗篷共同构成配套服饰，是带有尚武精神的经典服装。它早期为上阵的勇士所服，后来则遍及于各阶层人士之间，而且装饰越发富丽堂皇。

　　腿部装束是这一时期西欧的重要穿着，无论是裹腿，还是裤子、长筒袜，西方男人总是将腿裹得紧紧的，显出一副骁勇的劲头儿。这种显露下肢肌体结构的装束成为欧洲男性着装形象的特征之一，与中国男子长袍大袖形成根本区别。

　　盎格鲁–撒克逊男子，日常生活中习惯双腿裸露。装扮时，则习惯于腿上缠布，或是系上一副挺实坚固的护腿，覆盖于两膝（这是古代战服的遗痕）。公元8世纪至11世纪，欧洲男子的腿部装束流行裤子、长筒袜或短袜、裹腿布。裤子

分衬裤和外裤。（图8-48）衬裤的布料由亚麻纤维织成，为上层社会成员所专用。其裤管长至膝盖部位，有的略上，有的则略下。外裤的历史实际上很久远，只不过到中世纪初期时仍被人们沿用下来，只是在款式上有些变化，例如外裤加长而腿部有开缝的痕迹。上层社会男子多用羊毛或亚麻布为面料，普通百姓则主要是用羊毛粗纺的面料。这一时期的男式袜子有长短两种，只是袜筒一般总要达到膝盖下方。长筒袜会很长，由于着装者上身为紧身衣，因而有时长裤和长筒袜的实际效果近似，一时难以分辨。从有关形象资料上观察，袜筒的纤维一定很挺括，有的上部边缘可以翻卷或紧束，有的则直接绣上花纹。短筒袜高至小腿部位。还有一种更短的袜子，略高于鞋帮。穿着时，裤子与长筒袜或短筒袜可同时并用。裹腿布作为战服的一部分仍在这一时期保留着。裹腿布的宽窄不同，但是缠绕的情况以及上端部位的扣结表明，每条腿是用两块裹腿布绑

图8-48　8至11世纪王公的服饰形象

裹。这些裹腿布大多用羊毛或亚麻织物制成，也有的是用整幅皮革制成。一般来说，在野外从事重体力劳动的人，特别是骑马的人，只在腿上包一块长形布，以使腿部免受伤害，而王室成员的裹腿布则要以狭窄的布条在缠裹时做出折叠效果，以显示尊贵。不管是哪一阶层的人都用裹腿布，本身即说明了战服在这一时期中仍被人们喜爱，并在一般常服中占有重要位置。

德国国王亨利二世，穿着金黄色紧身衣，披着蓝色斗篷，下身也是大花图案的长筒袜。同时，从很多画面上的人物形象来看，紫色大花长筒袜，其袜带以交叉形式对称系牢在袜筒上，然后再配以镶满金箔的鞋，这几乎是当时流行的上层人士腿部装束。这些装束无论何等富丽（如镶满宝石、珍珠等），但紧裹这一形式本身却是完全具有战服特色的。一则裹住下肢是急装的必要形式，二则裤、袜以至靴形适体也体现出战士的英姿。

2.华丽的常服

在整个服装融合时代中，拜占庭和欧洲的战事虽然没有停歇过，但这丝毫不影响上层人士着装上的奢侈倾向。尤其是贵族妇女们，正是在战乱引起的迁徙和错居中得以了解和模仿新奇的服装，从而将自己的服装制作得异常新颖。

西方国王和王后的王冠常以珍珠和红、蓝宝石镶嵌图纹，精美、华丽自不待言。在拜占庭时期，即使是没有勋爵的富豪阶层的常服也以镶珍珠、玛瑙和金银宝石为时尚。各大博物馆里都留下了当时考究的佩饰，如镶有珍珠和宝石的手镯、耳环等。

公元9世纪，欧洲地区的妇女都以内穿紧身衣、外穿宽松长袍，再披一件斗篷为常服，这一时期的女式斗篷，已习惯从头顶披下来。有一幅画描绘了宫廷中贵妇的常服：身穿一种衣边饰金的长衣，衣缝周边和袖口边缘，是金丝刺绣并镶有珍珠和宝石的窄长带子。在色彩上，上层妇女

的服装，通常都是几种颜色相配在一起，非常鲜艳而又和谐。其中有白色镶金的斗篷，里边衬着红色镶金的长袍；玫瑰色的长衣之外披着一件浅绿色斗篷。斗篷由于是从头顶遮下来，所以头饰难以看清，但是，长垂至肩的耳环，还是从斗篷里露了出来。那种由四个圆环相交连接起来的耳环，下端还镶嵌着垂饰物。贵妇所戴的金手镯，看上去显得沉甸甸的。另外，尖头鞋的鞋面镶嵌着宝石等珍贵饰品。

10世纪的女式斗篷，绝大部分是一种无袖外衣的样子，穿用时一般要从头部套下去。穿着后的效果有如帐篷一样。待将面部露出来时，头前、胸前的衣服拥着，胳膊也需要找到一定的开口处，才可能伸出来。有时，妇女的头发是由一块长而轻盈的面纱所覆盖，面纱的两端下垂于背后，甚至一直拖到脚部。

11世纪的男子服装，也常常是缝缀着大小宝石，更不用说贵族妇女了。当年日耳曼王国的卡妮干达皇后是亨利二世的妻子，她曾身穿紫色外衣，外衣的底襟延至小腿中部，两只衣袖自臂肘以下突然变得宽大起来。外衣的周缘缝着金丝刺绣花边，上面满是亮晶晶的宝石，光泽耀眼。腰间的束带是金黄色的，面纱又是红色的，镶满宝石的王冠和贴着金箔的鞋子也是金色的，使她仿佛笼罩在一团金光之中。

总之，珍珠、钻石和各种宝石被大量而奢侈地在上层社会使用，而拜占庭金属首饰的工艺水平尤其高超，戒指、耳环、手镯、别针、皮带扣等都设计和制作得相当别致。这些连同战服时尚均对北欧、东欧产生了影响。（图8-49、图8-50）

五、北欧服装及其他

北欧人，主要指当年的挪威人、瑞典人和丹麦人等，他们从公元8世纪向外扩张，至11世纪已陆续到达黑海和君士坦丁堡。

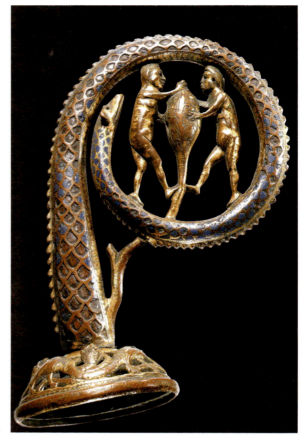

图8-49　约7世纪的英格兰金属带扣　　　　　图8-50　约13世纪早期法国珐琅彩权杖头

　　北欧人到达东方以后，积极鼓励并发展丝织。到了11世纪末，这里出产的大量丝绸，其金丝花纹图案以及多种多样的服装设计，都融合或体现了各国的长处，对后世影响深远。

　　北欧人的紧身衣，衣长直至膝部。北欧人通过采用装饰花边和黄金饰品，使单调的服装有所变化。而披着的大斗篷又增加了风度，然后用一个结实的、常常是精心设计的胸针系紧。胸针可以是贵重金属，也可以用一般物质，因阶层而异。衣服镶着的皮条或衬着的衣里，有貂皮、松鼠皮和兔皮等。

　　由于北欧人原居住地气候原因，他们喜欢留长发。女性的长发有时编成辫子，有时就在身后飘拂着。挪威的吉尔人喜好红发，为此他们常把头发染成红色。从出土遗物中发现，当时人们已用颜色鲜艳的兽毛（鬃）或丝做成假发。

　　另外，俄罗斯等东欧国家的服装，在公元11世纪和12世纪时已经具有了独特的民族风格。这些地区的服装基本上与欧洲的服装发展是同步的，只是其衣、帽、靴上的刺绣花纹，在民间始终保持着一个地区的特色。相比之下，东欧的服装特色更具有民族艺术的细腻感，如手工绣绘、穿珠等装饰技能，在服装上表现得淋漓尽致。再一点区别是，东欧服装上显示的尚武气息比西欧略差，因而更多地保留了纯真的田园之情。

　　总之，服装融合时代显示出欧亚丝绸之路的突出贡献。中国的丝绸产量、质量以及不断地输出，直接促成了世界各国的经贸往来，而服装又是最为显而易见的。

第九章
服装成熟时代

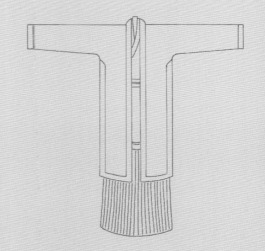

服装融合时代是世界史上一个波澜壮阔的时代，持续近千年、跨越欧亚大陆的丝绸之路曾给人类服装发展带来了意料不到的辉煌，而各国之间你进我退、我进你退的战争局势也阻挡不了服装持续前进的演变。但是，进入服装成熟时代，发生了一件跨越欧亚大陆长达两百年的大事件，那就是欧洲中世纪宗教战争。这期间是血雨腥风伴随着服装的变异。这一场战争所表现出的宗教狂热，使当时的教堂建筑别具一格，带有强烈的宗教意味，被人们称为"哥特式"，影响生活的方方面面，并为历代人所认可。无论是出于偶然还是必然，任何人都无法否认哥特式建筑艺术对那一时代服装艺术的影响。

正当欧洲大陆处于中世纪宗教气氛中时，东方的中国大地，也相当程度地在推行着一种约束人的"宗教"，那就是儒学的再发展。它在宋代时形成理学思想体系，给中国人从思想和行为上进行约束。与此同时，一些长年游牧的马上民族开始向宋王朝侵犯掳掠，在屈膝投降也难以换来和平友好的情况下，宋王朝和辽、金两个政权对峙了数百年，中国的再一次统一，是蒙古族统治者执政的元王朝。元的势力范围并不限于神州大地。这个由中国蒙古族建立的亚洲大帝国东起中国海，西至东欧，疆域之大，前所未有。

早在公元7世纪（即服装融合时代），中国的航船就曾到达非洲沿岸，直接与非洲进行友好贸易往来活动，其货物中不乏服装织物和原料。据记载，中国自唐代起，一直到西班牙入侵非洲的近千年中，这种直接联系始终未断。在宋代海上贸易达到极盛时，从东非输入中国的有象牙、犀角和香料等商品，中国输往东非的有丝绸、瓷器、药草和漆器等商品。

另外，美洲大陆并不是因哥伦布登岸而诞生，所谓的新大陆，只是出于欧洲人的第一次大规模发现并开发。实际上，约从公元前2000年开始，美洲的一些主要文化区经历了原始公有制

繁荣、解体和新的社会萌生的各个阶段，并在其后的时间里文化发展越来越兴旺，出现了一个又一个高潮，直到最后形成了西班牙人发现"新大陆"时所看到的印第安人十分发达且又丰富多彩的文化成就。这一文化繁荣的鼎盛时期，约从公元900年直至西班牙人入侵。其中又将公元1200年以前称为前期，以后称为后期。对于服装来说，从公元900年至1492年，都可以称为盛期。

这样来看，中外服装史中的服装成熟时代，是世界历史上的12世纪至14世纪，正值欧洲中世纪后期、中国宋代至元代、日本的镰仓时代和南北朝时期、非洲的对外贸易活跃时期以及美洲文化的全盛期。

一、中国宋辽金元服装

这四百余年中，中国汉族人与契丹、女真、党项、蒙古族人各自为捍卫其领土与主权或是企图扩张统一中华而展开了殊死的搏斗。战争导致了各族人民之间的交往非常频繁。在对外贸易上，宋元较之唐代为盛，其中主要贸易国以阿拉伯、波斯、日本、朝鲜和印度等为主。宋人以金、银、铜、铅、锡、丝绸和瓷器等，换取外商的香料、药物、犀角、象牙、珊瑚、珠宝、玳瑁、玛瑙、水精（晶）、蕃布等商品，对中国服装及习尚产生了很大影响。

1.宋——汉族服装特色

男子服装主要为襕衫。所谓襕衫，即是无袖的长衫，上为圆领或交领，下摆一横襕，以示上衣下裳之旧制。襕衫在唐代已被采用，至宋最为盛行，为仕者燕居或低级吏人广泛服用。一般常用细布，腰间束带。也有不施横襕者，谓之直身或直裰，居家时穿用取其舒适轻便。

幞头仍为宋人首服，应用广泛。不过唐人常用的幞头至宋已发展为各式硬脚，其中直脚为某些官职朝服，其脚长度时有所变。两边直脚甚长，为宋代典型首服式样。有"防上朝站班交头

接耳"之说，不一定可信，我们可以将它作为一种冠式来辨认宋代服饰形象。（图9-1）另有交脚、曲脚，为仆从、公差或卑下者服用。高脚、卷脚、银叶弓脚、一脚朝天一脚卷曲等式幞头，多用于仪卫及歌乐杂职。另有取鲜艳颜色加金丝线的幞头，多作为喜庆场合如婚礼时戴用。南宋时即有婚前三日，女家向男家赠紫花幞头的习俗。

需要单独说明的是，依宋代制度，每年必按品级分送"臣僚袄子锦"，共计七等，给所有高级官吏各有一定花纹，如翠毛、宜男、云雁细锦、狮子、练雀、宝照大花锦，另有球路、柿红龟背、锁子诸锦。这些锦缎中的动物图案继承武则天所赐百官纹绣，但较之更为具体，为明代补子图案确定了较为详细的种类与范围。

另外关注一下劳动者服式，劳动人民服式多样，但大都短衣、窄裤、缚鞋、褐布，以便于劳作。由于宋代城镇经济发达，其工商各行均有特定服饰，素称百工百衣。孟元老《东京梦华录》记："有小儿子着白虔布衫，青花手巾，挟白磁缸子卖辣菜……其士、农、商诸行百户衣装，各有本色，不敢越外。香铺裹香人，即顶帽，披背。质库掌事，即着皂衫角带，不顶帽之类，街市行人便认得是何色目。"张择端《清明上河图》中，绘数百名各行各业人士，服式各异，百态纷呈。（图9-2）

这时的女子服装一般有襦、袄、衫、褙子、半臂、背心、抹胸、裹肚、裙、裤等，其中以褙子最具特色，是宋代男女皆穿，尤盛行于女服之中的一种服式。

褙子以直领对襟为主，前襟不施袢纽，袖有宽窄二式，衣长有齐膝、膝上、过膝、齐裙至足

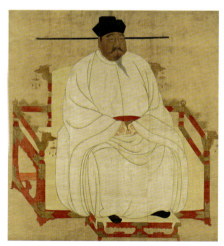

《宋太祖像》
佚名（宋）
纵191厘米，横169.7厘米。
台北故宫博物院藏。
图中为身着公服、头戴直脚幞头、腰束革带的宋太祖像。

图9-1 戴直脚幞头、穿圆领襕衫的皇帝
摹宋《历代帝王像》之《宋太祖像》。

《清明上河图》（局部）

张择端（宋）

全图纵 24.6 厘米，横 528.7 厘米。

故宫博物院藏。

《清明上河图》真实地描绘了北宋宣和年间汴河及其两岸在清明时节的风景。此局部图中街道纵横交错，商家林立，士、农、工、商等各行各业人士应有尽有，可一窥宋朝百姓的服饰面貌。

图9-2　穿短衣的劳动者

摹宋张择端《清明上河图》局部。

中
外
服
装
史

踝几种，长度不一。另有在左右腋下开长衩者，似有辽服影响因素，也有不开侧衩者。宋时，上至皇后贵妃，下至奴婢侍从、优伶乐人及男子燕居均喜欢穿用褙子，取其既舒适合体又典雅大方。（图9-3至图9-5）

抹胸与裹肚主要为女子内衣。二者比之，抹胸略短，似今日乳罩；裹肚略长，似农村儿童所穿兜兜。因众书记载中说法不一，如古书中写为"抹胸"，尚有抹胸外服之说，可以确定的是这两种服式仅有前片而无完整后片。以《格致镜原·引古月侍野谈》中记"粉红抹胸，真红罗裹肚"之言，可见抹胸当是颜色十分鲜艳的内衣。

裙是妇女常服下裳，在保持晚唐五代遗风的基础上，时兴"千褶""百迭"裙，形成宋代特点。裙式修长，裙腰自腋下降至腰间的服式已很普遍。腰闰系绸带，并佩有绶环垂下。"裙边微露双鸳并'"绣罗裙上双鸳带"等都是形容其裙长与腰带细长的诗句。（图9-6至图9-8）

中国汉人古裤无裆，因而外着裙，裙长多及足，劳动妇女也有单着合裆裤而不着裙子的，称之为"裈"。宋代风俗画家王居正曾画《纺车图》，图中怀抱婴儿坐在纺车之前的少妇与撑线老妇，皆着束口长裤（图9-9）。所不同的是，老妇裤外有裙，或许是因为劳动时需要便利，因此将长裙卷至腰间。这种着装方式在非劳动阶层妇女中基本没有。

2.辽——契丹族服装特色

契丹族是生活在中国辽河和滦河上游的少数民族，从南北朝到隋唐时期，契丹族还处于氏族社会，过着游牧和渔猎生活。

图9-3　穿褙子的妇女
摹宋陈清波《瑶台步月图》局部。

《瑶台步月图》（局部）
陈清皮（宋）
全图纵 24.2 厘米，横 25.8 厘米。
故宫博物院藏。
图中人物头梳高髻，身着直襟、窄袖、长及膝的褙子。褙子在宋代男女均服用。宋代妇女的褙子一般为直领，有大袖式，也有小袖式。

此图为宋代《歌乐图卷》中的褙子样式，上海博物馆藏。

图9-4　褙子示意图

此图为宋代素罗单衣褙子样式，中国国家博物馆藏。

图9-5　《荷亭婴戏图》（局部）
佚名（宋）
全图纵 23.9 厘米，横 26.1 厘米。
美国波士顿艺术博物馆藏。
此图描绘的是宋代着褙子服装风格的贵族女子在庭院照料孩童、避暑消夏的场景。女子坐于亭中榻上，一边轻轻安抚入睡的婴儿，一边望向院中玩闹的孩童。庭院中有高柳一株，绿意悠然，亭亭如盖，柳下萱草开放、莲花吐蕊，有"宜男""连生贵子"之喻。全图既展现了宋代上层社会女性的闲适、高雅的品质生活，也表达出人们对子孙满堂之幸福生活的殷切期盼。

中外服装史

图9-6　穿襦裙和大襟半臂、披帛、梳朝天髻的女子
　　摹山西太原晋祠圣母殿彩塑。

图9-7　穿襦裙和大襟半臂、披帛、梳朝天髻的女子1
　　山西太原晋祠圣母殿彩塑之一。

图9-8　穿襦裙和大襟半臂、披帛、梳朝天髻的女子2
　　山西太原晋祠圣母殿彩塑之二。

图9-9　卷起裙子、穿长裤劳动的妇女
　　摹宋王居正《纺车图》局部。

《纺车图》（局部）
　　王居正（北宋）
　　全图纵26.1厘米，横69.2厘米。
　　故宫博物院藏。
　　《纺车图》是一幅反映乡村民间生活题材的作品。此图中为一老妇双手持线，她的目光集中于细细的丝线上。老妇头挽双髻，着短襦、长裤，足蹬布鞋，为北宋时期乡间妇女常见服饰。

《出猎图》（局部）
　　胡瓌（辽）
　　全图纵34.2厘米，横44.3厘米。
台北故宫博物院藏。
　　本幅作品描写了塞外族人携鹰出猎
之情景。画面绘猎骑者四人，穿圆领窄
袖长袍，腰佩短刀，骑者左手驭马，右
手架着猎鹰，四骑聚于一处，似在交流
狩猎经过和收获。最右端者在马鞍上捆
扎着一只胸前渗血的野兔。人物的髡发
须髯、骏马的鬃鬣、猎鹰的毛羽，无不
措绘精致，形象逼真。

图9-10　辽髡发的男子
摹辽胡瓌《出猎图》局部。

契丹族服装一般为长袍左
衽，圆领窄袖，下穿裤，裤放
靴筒之内。女子在袍内着裙，
亦穿长筒皮靴。因为辽地寒
冷，袍料大多为兽皮，如貂、
羊、狐等，其中以银貂裘衣最
贵，多为辽贵族所服。男子以
髡发为习俗，不同年龄有不同
发式。（图9-10）女子少时髡
发，出嫁前留发，嫁后梳髻，
除高髻、双髻、螺髻之外，亦
有少数披发，额间以带系扎。

　　1986年7月，内蒙古哲里
木盟（现通辽市）奈曼旗青龙
山镇辽陈国公主和驸马合葬墓
中，有单股银丝编织的衣服和
手套、鎏金银冠、琥珀鱼形舟
耳饰、项链、垂挂动物形饰物
的腰带等被发现，做工精致程
度令世人震惊。可见，当时的
服饰制作工艺水平已经很高。
（图9-11至图9-15）

图9-11　高翅鎏金银冠　辽陈国公主驸马墓出土实物

图9-12 辽代龙、凤、鱼形玉佩

内蒙古奈曼旗陈国公主墓出土,内蒙古博物院藏。

此玉佩为白玉质,略呈长方形,雕镂绶带纹。均为圆雕,有摩羯形、荷叶双鱼形、双凤形、双龙形和莲花卧鱼形。雕琢精细,体现了辽代高超的玉器制作水平。

图9-13 辽代镂花金香囊

内蒙古奈曼旗陈国公主墓出土,内蒙古博物院藏。

此香囊由镂花薄金片制成,呈扁桃形。包身前后用形制大小相同的扁桃形镂花金片以细金线缀合而成,包面镂刻有缠枝忍冬纹。

图9-14 辽代花鸟纹罗地纨扇

内蒙古奈曼旗陈国公主墓出土,内蒙古博物院藏。

此纨扇呈椭圆形,竹框,竹柄贯穿扇的中央。扇面为罗地,上绘太湖石、枝叶花草,树枝上用泥金绘两只相向而立的鸟,鸟头有冠,长毛。扇面上部有两只飞翔的蝴蝶。这种形式的纨扇多出现于辽代墓壁画中。

图9-15 辽代錾花鎏金银靴

内蒙古奈曼旗陈国公主墓出土,内蒙古博物院藏。

此靴由细银线缝缀,靴子两侧各錾两只金飞凤,展翅向上飞翔,四周饰变形云纹。靴面左右两侧各錾一只长尾凤,周围饰卷云纹。

图9-16 穿皮衣、戴皮帽、蹬革靴的男子
摹宋陈居中《猎骑带禽图》局部。

《猎骑带禽图》（局部）
陈居中（宋）
全图纵 23.9 厘米，横 25.8 厘米。
台北故宫博物院藏。
图中骑士头戴翻毛皮帽，身着窄袖胡服，领袖处露出一寸多毛皮（后世称为出锋）。

3. 金——女真族服装特色

女真族是中国东北地区历史悠久的少数民族之一，生活在黑龙江、松花江流域和长白山一带，一直到隋唐时期，还过着以渔猎为主的氏族部落生活，古称"靺鞨"。

从古籍中有关服饰的记载来看，女真族和契丹族的服装有些相似之处，如左衽、衣皮、窄袖、蹬靴等，但发式却不相同。（图9-16）女真族男人讲究剃去顶发，再将后脑部位的头发掺入丝带，编成辫子，垂搭于肩背。

金俗尚白，认为白色洁净，同时也与地处冰雪寒天与衣皮里面多为白色有关。富者多服貂皮、青鼠皮、狐皮等毛皮，贫者多服牛皮、马皮、獐皮、犬皮、麋皮等毛皮。夏天金人则以纻丝、锦罗为衫裳。男子辫发垂肩，女子辫发盘髻，也有髡发，但式样与辽相异。女子耳垂金银珠玉为饰，着直领、左衽团衫，下穿黑色或紫色裙，裙上绣金枝花纹。

4. 元——蒙古族服装特色

蒙古族男女服装均以长袍为主，式样较宽大。虽入主中原后称元，但服装制度不是很规范，允许汉服与蒙服同存。男子平日燕居喜着圆领、宽大下摆窄袖袍，腰部缝以辫线，制成宽围腰，或钉成排纽扣，下摆部折成密裥，俗称"辫线袄子""腰线袄子"等。这种服式在金代时就有，焦作金墓中有形象资料，元代时普遍穿用。首服为冬帽、夏笠，各种样式的瓦楞帽为各阶层男子所用。重要场合在保持原有形制外，也采用汉族的朝祭诸服饰。元代天子原有冬服十一，夏装十五等规定，后又参酌汉、唐、宋之制，采用冕服、朝服、公服等。当时元人尚金线衣料，加金织物的"纳石失"最为高级。（图9-17）

图9-17　蒙古族帝王服饰形象　台北故宫博物院藏

女子袍服仍以左衽窄袖大袍为主，里面穿裤。颈前围一云肩，沿袭金俗。袍子多用鸡冠紫、泥金、茶或胭脂红等色。女子首服中最有特色的是"顾姑冠"，也叫"姑姑冠"，所记文字中因音译关系有所差异。《长春真人西游记》载："妇人冠以桦皮，高二尺许，往往以皂褐笼之，富者以红绡，其末如鹅鸭，故曰'故故'，大忌人触，出入庐帐须低回。"宋聂守真在《咏胡妇》中诗云："双柳垂鬟别样梳，醉来马上倩人扶。江南有眼何曾见，争卷珠帘看固姑。"汉族妇女尤其是南方妇女不戴这种冠帽，所以争相想看一眼此首服。（图9-18）

二、欧洲中世纪宗教战争的影响

在世界历史上这是一场大规模的战争，毋庸置疑会给欧亚人民带来身体和精神上的创伤。但是，各国各民族之间的服装交流融合，有的是在商贸往来的和谐气氛中形成的，有的却是因残酷的战争而被动形成的。

图9-18　戴"顾姑冠"的元世祖皇帝后
摹南薰殿旧藏之一《历代帝后图》局部，台北故宫博物院藏。

"顾姑冠"是蒙古族贵妇所戴的一种礼冠，一般以铁丝、桦木或柳枝为骨，外裱纸绒绢，插朵朵翎，另饰金箔珠花。

1.战时骑士装

由于欧洲中世纪宗教战争的主力是骑士，因而骑士装也曾在欧洲中世纪流行。它既给予各国非骑士阶层以模仿的模式，又同时在吸引各国服装风格的过程中逐渐演变。骑士，虽然在古罗马时曾经以骑兵队转为以放债、包税、经商为业而成为一个阶层，但是古罗马的骑士是要以拥有40万塞斯提司财产才可以取得资格的，这一时期的骑士不同于中世纪的骑士。公元11世纪时，骑士制度产生，它盛行于公元11世纪至14世纪，后来因欧洲封建制度解体和射击武器的广泛使用而渐趋没落。骑士们的战时服装，头上是一个能把头部套进去，以保护头颅的金属头盔；身上是一副由铁网或铁片制成的、从肩部直至足踝的分段金属铠甲，并分胸甲和背甲。有时候，在胸外再套上一件有刺绣花纹的织物背心，所绣图案和盾牌上的徽章图案相同，并有军衔标识，以显示身份。这种背心被称为"柯达"。另外，骑士要每人佩一把剑，并手握一根长枪和一个长尖形的盾。《堂吉诃德》书中描写一心模仿骑士的堂吉诃德就是"浑身披挂，骑上驽骍难得，戴上拼凑的头盔，挎上盾牌，拿起长枪……"除此以外，正式的骑士还要配备一名仆人（堂吉诃德就永远带着仆人桑丘）。因为这些装备一般只有在作战时才穿戴执掌起来，所以平时交给仆人背负。骑士的坐骑上也披挂着绣有与服装同样图案的织物。这些绣或绘的图案，只是起到炫耀身份和标明军衔的作用，而绣绘上图案的衣服和器物也具有较好的实用性。盾牌是防御武器自然不用说，坐骑上的织物也是为了避免衣服和马鞍的过度摩擦，垫上后可以使骑者感到舒适。至于那件套在铠甲外的织物背心，则可保护铠甲不受雨淋，从而防止生锈，同时还可以避免阳光直接照射到金属铠甲上迅速传热，或发出刺目的闪光而有碍视力，或因走路产生金属相互摩擦、撞击而发出的刺耳噪音。（图9-19）

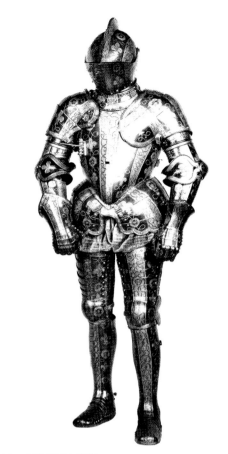

图9-19 典型的骑士铠甲

骑士装的铠甲内也要有衬垫。它不能是轻而薄的，必须以多层布重叠缝纳，制成布甲式的衣服，才可能使身体在承受金属铠甲和武器时略感到轻松舒适一些，并适当起到防护刀枪的杀伤以及防止寒风侵袭的作用。这种衬垫不仅包住肩部和胸部，它几乎是一件上衣，一件纳缝起来厚厚的上衣。骑士铠甲中的衬垫，也可以在不穿铠甲时单独使用，这就导致了以后男子紧身纳衣的流行。

2.骑士装对常服的浸润

到了公元14世纪，骑士的铠甲已经完全变成了金属薄板式。这一变化当然要求对铠甲内外的服装加以调整，以使其能够适应新的铠甲。金属板铠甲比较贴身，并且能够清楚地显露出各处的接缝和边缘。于是，衬在铠甲里面的紧身纳衣，需要剪裁合理以求贴身适体。由于两腿也是分段的金属铠甲，所以长筒袜更加显示出其功能的合理性与外观的健美性。当骑士们不再穿铠甲的时候，紧身衣和长筒袜越发显得潇洒自如，灵活而又大方，一时成了男装的标准样式。

服装各部位越是合身适体，越紧贴躯干和两臂，越是适于人体活动。由于衣服紧瘦又要穿脱容易，并便于大幅度活动，所以衣身的开襟处和袖子的肘部到袖口处，出现了密密麻麻的纽扣。前襟的纽扣一般为30至40个，袖子上的纽扣也可多达20余个。贵族的衣扣多用金质或银质，以显示豪华与尊贵。

与此为配套服装的是紧裹双腿的裤袜。为了将长筒袜系牢，可以在上衣的里面缝缀细带或饰针。穿着长筒袜时，用上衣的细带或饰针将长筒袜上端与其连接系牢。从这种紧身纳衣演变来的服装款式，是用更多的填充物使肩、胸的造型变得更加突起。有时为了使肩到上臂的袖子更加膨大，人们要在这个部位重点填充，而腰部则以革带使腰身收紧，以此来强调男性宽厚的肩部、胸部和窄俏的臀部。不仅面料考究，而且有的衣服上还用毛皮装饰，以使着装者显得高贵气派。（图9-20）

当然，紧身纳衣的发展趋向也不仅仅局限

图9-20　影响到民间的填充式服装

于更加紧身，同时有些又有向宽松、厚大发展的趋势。填充物更为夸张的结果，使服装整体形象具有一种立体的美感。由于衣身宽大，所以纽扣没有必要再像以前那么多，袖口的形式也逐渐消失了。在此之后，上衣演变为长衣，袖子更加宽松，以致出现了大喇叭袖。袖长有时可以曳地，袖口处还做成规则的长短不齐的花边。骑士装因为跟随骑士东征西讨，因而对所到之处的男装都产生了明显的影响，那就是紧身衣和长筒袜组合起来所构成的男性气息非常浓郁的服饰风格。

3. 东西方服装的碰撞与吸收

首先，欧洲中世纪宗教战争中的进攻方，有必要规定出某种标志，以便于在战斗中分清敌我。于是，一种佩戴在胸前的徽章，成了流行的佩饰。这种佩饰不局限于官兵之中，而是普遍流行于达官显贵和他们的奴仆中间。这种本来属于军队的装饰后来流行至民间的现象，在欧洲中世纪宗教战争之前、之后，都有不少生动的例证。

进攻方的将士们喜欢在腰带上佩一个小荷包。欧洲的服装史学家分析，这可能有两个原因：一个原因是朝圣的人每次前往圣地时，那里的有关人士总要赠给他们一些朝圣纪念品。小荷包是常见的纪念品，它象征着朝圣者的终生虔诚。再一个原因是朝圣者来自四面八方，在往返的路上，非常需要一种既方便又灵活的小布袋，用以存放和携带可以到处流通的金银、珍珠、宝石、玛瑙等贵重物品，小荷包恰恰是最为合适的容具。而这种实用性和装饰性都很强的小荷包，也由朝圣时期的佩件演化成民间的一种流行佩饰了。

进攻方军队将士戴一种圆饼形帽套，结果是所到之处流行起圆饼形头饰。它最初是用来保护头盔免受风吹雨淋，同时又可以保护眼睛不受阳光刺激。以后逐渐演变，出现许多式样的圆饼状头饰，到了13世纪和14世纪，这种头饰成为普通人外表装束的重要组成部分。

可以这样说，由这一场战争所产生的东西方服装碰撞与吸收的趋势，不是短时间内形成的。在漫长的岁月中，成千上万的欧洲人亲眼目睹了地中海一带古老文明和璀璨文化以后，东方那些精美豪华的纺织衣料、宝石珍珠、刺绣艺术和服装设计都吸引了他们，以致对后来西欧服装的演变和革新产生了巨大而重要的影响。这种接触和联系所促成的一系列连锁反应，都清晰地体现在后来的服装上。最能说明事物发展的一点，就是中世纪宗教战争使得欧洲对于东方丝绸和刺绣品的需求成倍地增长。当这场战争彻底结束时，由东方运往西方的商品，比以前增加了十倍，其中有很多处于先进地位的东方生产技术和优质产品，如丝绸和珍宝饰件等。这一方面刺激了意大利等地的纺织业和首饰业，另一方面也促进了欧洲服装和亚洲服装的互通。其中这些服装在欧洲的影响延伸到文艺复兴时期，即15世纪和16世纪，并且非常充分地显示出来。

三、哥特式风格在服装上的体现

所谓哥特式风格，最初用来概括欧洲中世纪，特别是公元12世纪至15世纪的建筑、雕刻、绘画和工艺美术。哥特式艺术风格的产生与宗教密切相关，首先表现在沙特尔、亚眠和其他市镇的大教堂建筑风格上，后来迅速地推广开来。哥特式艺术风格遍布绘画、雕刻和工艺美术品中，因此对同时期服装艺术风格的影响，也是不言而喻的。

在服装形象上，能塑造出哥特式教堂建筑般的风格吗？答案是肯定的。从头上看起，这一时期的首服多种多样，有的男子以饰布在头顶上缠来缠去堆成了鸡冠样的造型，鸡冠饰布顶端则长长地垂下来；或是将饰布从胸前绕过，搭向另一边的肩后，这种头饰被称为漂亮的鸡冠头巾帽。另外还有各种各样的毡帽，像倒扣的花盆状，帽顶有尖有圆、有高有低，有时插上一根长长的羽

毛作装饰。而最有哥特艺术风格的是女帽中的安妮帽（有时译为海宁帽、亨妮帽），这是由一名叫安妮的贵妇自行设计并首先戴起来的。

安妮帽的帽形是高耸的，上面有一个尖顶。在这种帽子的尖顶上，罩着纱巾。薄薄的烟雾一般的轻纱从尖顶上垂下来，有时向帽子后边垂下，有时把整个帽子罩起来并直接遮到脸上。帽子的尖顶高低不等，有时还有双尖顶的造型，确是与高耸入云的哥特式教堂建筑有异曲同工之妙。（图9-21）

男子不戴这种尖顶帽，但所戴的罩帽披肩，头上造型也是尖顶的。人们发现当时牧羊人的罩帽披肩，就是上端为尖状，下端与小披肩相连，同围裹式衣服有某些相似之处。更长一些的有些像斗篷，这种罩帽披肩在12世纪后半叶非常流行。13世纪时，贵族男子身穿名为"柯达第亚"上衣下裤形式的服装，其面料、色彩和局部装饰都非常考究华丽。衣服表面一般要织出或绣出

图9-21　哥特式女装

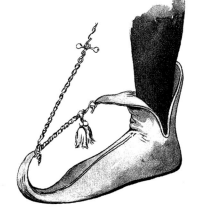

着装者的族徽或爵徽，以示身份地位。头肩部位披戴着一种新式的罩帽披肩，帽后有长长的、柔软的帽尖款款垂下，恰好与脚上的尖头鞋相映成趣。

尖头鞋，是哥特式服装的一种典型特征。公元12世纪至14世纪期间，尖头鞋直接在袜底缝上皮革的长筒袜，鞋头做得尖尖的。待到15世纪时，其鞋头之尖的程度，已经令人瞠目。现在服装史研究人士都认为这种尖头鞋起源于东欧地区的波兰，早先被称作波兰式尖头鞋。据说是通过英国国王理查德二世同波希米亚的安妮公主的婚礼仪式传入西欧的。当时的波兰是波希米亚王国的一部分，尖头鞋曾是一种常见样式，在西欧流行后，竟发展到鞋长是脚长的两倍半。有时在膝盖下方的袜带上悬吊一块垂片，袜子的尖头刚好可以与这块垂片相连。在欧洲出版的《服装百科全书》介绍，原始的袜尖（即超过脚的部分）就有15.24厘米之长。多余的部位只能填充一些苔藓类的植物。（图9-22）

再一种说法是，这种以软皮革做成的尖头鞋，越长越高贵。据说王族的鞋尖长度为脚的两倍半，爵爷的为两倍，骑士的为一倍半，牧人为一倍。庶民的鞋尖是其脚长的二分之一。如果不将鞋头系在膝盖

图9-22　德国扑克牌上显示的尖头鞋　　　图9-23　鞋头示意图

上的话，也有将尖端一头安上金银锁链，另一头系在鞋帮上。（图9-23）可以说，尖尖的靴鞋、尖而长的胡须和尖而高的安妮帽，都是哥特式艺术风格在服装上的反映。它们的形成看起来是那样的漫长和那样的漫不经心，但实属必然，是人们在宗教艺术氛围中所萌生的审美趣味和审美标准。

在服装色彩上，有些做法也让人联想到哥特式教堂内色彩的运用。男子的衣身、两侧垂袖和下肢的裤袜，常用左右不对称的颜色搭配方法。（图9-24）女子那"柯达第亚"式连衣裙，上身贴体，下裙呈喇叭形，后裙裾有时在地上拖得很长，走路时需人帮助拽起，它也常用不同颜色的衣料做成。在图案和色彩上呈现上下左右不对称形式，似乎也在模仿或寻求哥特式教堂里彩色玻璃窗的奇异韵味。最低限度讲，它们是同一时期，受同一种审美思潮推动而形成的，无论是否与宗教有关，都可以肯定与哥特式有关。

或许哥特式建筑或绘画确实影响了当时人们的穿着，当年所呈现的服装形象因而也成了画师勾画圣经人物服装的参考资料。艺术离不开时代，离不开姊妹艺术之间的沟通与渗透，这在服装交流融合并相互促进上毫无例外。

四、悠远鲜明的古印度服装

古印度历史悠久，在中国古籍中常被称作"天竺"。古印度是

图9-24　取自于哥特式教堂色彩风格的不对称裤装

的孔雀王朝时期的作品。

作为印度佛教人物造型的典型风格，被称为犍陀罗风格。犍陀罗是古印度的一个地名，因为古印度的范围非常大，当年被称为印度斯坦。犍陀罗相当于现在巴基斯坦的白沙瓦及其毗连的阿富汗东部一带。公元前4世纪末，马其顿亚历山大入侵后，希腊文化曾影响这一地区。公元前3世纪摩揭陀国（即孔雀王朝）的阿育王遣僧人来这里传布佛教，遂形成了佛教艺术中的独特风格。公元1世纪左右，这片土地被爱好希腊文化的安息王国统治，于是"以希腊人为父，以佛教徒为母"的犍陀罗艺术风格正式确定，并形成对世界文化的影响。（图9-25）

从与服装关系密切的佛像雕塑来看，早期作品是承袭希腊和罗马风格众神形象而来的，不只是主佛释迦牟尼，其他弟子、菩萨的容貌和服装也都是希腊式的。成道以前的释迦牟尼，一般总要身佩各种各样的佩饰品，下半身围裙裳，裸

佛教的发祥地，但后来相当长时间里，印度人崇拜的主要是印度教。印度教在哲学上虽然倾向于一神论或泛神论，但实际上是多神教，如崇拜毗湿奴和湿婆等。佛教原只崇拜释迦牟尼，后来由于佛教对世界各地影响广泛，因此，随着佛教从陆路传播到阿富汗、中国、日本和朝鲜，从海路传播到锡兰（今斯里兰卡）、缅甸、泰国、高棉（今柬埔寨）以及印度尼西亚等国并盛行起来时，人们对于佛教的崇拜已经不仅限于一个主佛，各地建立的不同寺院崇拜对象是佛教中的各路菩萨。因此，我们在这里所涉及的印度服装特色及沿革，可以从某种角度考虑一下服装与宗教的关系。

1. 宗教艺术中的服饰形象

佛教兴起的原因之一，起自婆罗门教将人分为四个等级（婆罗门、刹帝利、吠舍、首陀罗），这引发了最底层民众的不满和意欲反抗。佛教在公元前3世纪的孔雀王朝是极为兴盛的，佛教艺术最早期的代表作就是公元前268年至前232年

图9-25　印度康迦、雅姆娜河神像显示的服装风格

露的上半身缠着大幅的长布，深深而且平行的衣褶看起来非常笨拙，可以想象出织物很可能是亚麻。

印度本土的马朱拉地区，比犍陀罗风格稍晚的时候，也开始制作佛像。它与希腊式的犍陀罗佛像不同，明显保留印度独特的艺术传统。螺壳式的肉髻、张大的双眼、直挺的鼻梁、厚厚的嘴唇，还有薄衣紧贴的强壮身躯，有着鲜明的形象特征。公元5世纪，是印度文化发展的高峰期。当时的马朱拉佛教吸取了犍陀罗雕像的衣褶处理技巧，但是在那俊美的躯体上披着的仍是薄薄的衣衫。这种织物很可能是印度的棉织品或是中国的丝织品。头上的肉髻和螺发已经定型，可以说具备了后代佛像造型的基本形式。

此外，在释迦牟尼初转法轮的圣地"鹿野苑"，佛像身上所披的衣衫更加细薄透明，以至全无衣褶。

当佛教艺术达到巅峰以后，佛像的造型开始趋于世俗化，并趋向纯熟的美感表现。这时，犹如世俗帝王般的宝冠开始在佛教形象（主要是菩萨）中出现，佛像身上所佩戴的装饰品也越来越繁杂，越来越华美。当佛教艺术进入纯印度文化完成期时，佛像雕刻中心马朱拉和鹿野苑也各自发展成独特的风格，西印度的阿姜塔石窟更出现了壮丽的壁画。就在这时候，在婆罗门教基础上发展起来的印度教艺术也开始发展了。印度教中的雕像，以舞者之王湿婆像及女神像最为精巧美丽。

无论是佛教还是印度教，其女性雕像的服饰都极为细致而且具有艺术性。如出土于菩提加雅的公元2世纪的药叉女立像等，颈间戴着数圈项饰，上臂缠着凸花的臂钏，而小臂则佩着几乎与小臂等长的数圈手镯，腹臀部围着花，脚踝处有两圈脚镯。湿婆和妻子坐在圣牛背上的形象及其他女神雕像等，更是全身垂满了串串珠饰。头上有头花、耳上有粗大的耳饰，上臂、手腕、颈间、胯间直至脚踝处都有以圆珠穿成的垂饰和薄而贴体的金属乃至织物饰件。

纵观宗教雕像上的服饰，其服装款式很显然是受到希腊、罗马贯口式长衣和围裹式长衣的影响，有些索性就是直接穿着希腊、罗马式长衣，脚上穿着系带的凉鞋，例如马尔丹出土的公元2世纪和3世纪的佛陀和菩萨像，几乎与希腊雕像上的服饰穿着效果完全一样，头发也和西方发型无异。当然，大多是只着下装的，薄薄的衣料自胯部垂下，形成优美的、平行的衣纹。然后再在胯间沿着臀围刻一圈宽宽的珠饰。上身就赤裸着，长长的项饰在颈间围上几圈后又垂下两三条，使之无衣但比有衣更显得丰富充实，带着浓浓的装饰意味。

出土于阿喜制多罗的赤土陶制女神像，有两件表现的是康迦和雅姆那河神。这两件雕像及其身旁的侍从，都穿着宛如水纹的衣服。最为新奇的是，其上衣的围裹恰恰是将双乳的乳头部位暴露在外，而乳上和乳下都有横裹的带皱褶的衣服。头上、耳部、手臂、足踝甚至脚趾上，都有饰件。假如将其还原的话，那一定是金属制成的。

佛教和印度教雕像上的服装表明，古印度这片土地，由于几次更换不同民族和信仰的统治者，也由于各种宗教的更替发展以及占领区域不同，因此导致了印度服装的杂糅性。其贯口衫式的短衣或是贯口衫式的紧身长衣，显然是希腊文化浸润了印度佛教艺术，又受到了长时期对民族服装的潜移默化的影响。围裹式长衣更秉承希腊、罗马式服装风格。至于串珠式垂饰，明显是波斯文化的曲折反映。

2.起源较早的染织工艺

古印度，享有"世界染织始祖"的美誉。尽管这种赞誉有些凌驾于所有民族之上的感觉，但是从印度染织工艺的悠久历史看，它确为"始祖"之一。

远在公元前3000年，印度次大陆的人们就已经开始种植棉花、纺织棉布，并将棉布染上颜色。著名的印度河文明遗迹摩亨佐·达罗出土的被染成红色的棉布残片，已经能够证明这一点。同一遗址中还发掘出用陶土烧制的染色用印版（压印刻板），更说明了当时已开始或熟练使用印染法染制花纹了。同一时期文化遗址中出土的缝衣针、纺纱用的原始纺车以及穿着刺绣花纹衣裳的人物像等，显然为我们今日研究印度染织历史提供了有力的实物资料。

印度的染织历史也和宗教密不可分，从吠陀文学、佛教经典、宗教建筑和雕像、绘画上都留下了很多关于染织工艺和染织物的记载或痕迹。

公元前4世纪完成的印度两大叙事诗《罗摩衍那》和《摩诃婆罗多》中，常有对嵌金线纺织品的记载。曾旅居孔雀王朝的希腊人梅加斯德尼斯，在《印度见闻记》中写道："印度人穿着花样美丽的衣服，上流社会中甚至还有不少人穿着有金银宝石的衣服。"著名的阿姜塔第一窟壁画中，描绘了穿着织有条纹图案的围裙式衣服的女子。

这种条纹图案的衣料，可能就是印度染织中的著名品种——帕德拉。帕德拉摇纱印染白花织品是历史相当久远的织品之一，它与班达尼一同被称为是古加拉特及拉加斯坦两地生产的。一般来说，帕德拉是把成束的、捆扎好的纱线染色后再织出花纹，可分为经纱、纬纱和经纬纱织成的各个品种，还有的是分别由经纱与纬纱织成的若干小片织品组合成一大片的做法。班达尼是将布捆扎后染制而成的织物。印度的条纹织品远近驰名，尤其是以多变化的线条组合成的条纹织品与格子棉布，被其他国家的人民认为非常新奇。当时的日本人就曾将这种布称之为"孟加拉岛条纹布"或"西拉斯岛条纹布"。直至今日，日本人还习惯将它们归为"海岛织品"。

印度染织史上还有一种品质优良而且薄如蝉翼的薄棉布。自古以来拥有"编织的空气"的美誉，主要产地是现孟加拉的达卡。这种织品是将图样置于织布下，然后对着图样，将金线、银线和白棉线织进薄棉布中，因此织成的效果极其优雅、精致。它被人们称为遮姆达尼，遗憾的是这种织造技术基本已经失传。

丝织品方面，以贝那拉斯地区织入金线、银线或多彩色线的豪华织品最为著名，其他地区也有生产，一般被称为查利织。这些织物上大多有复杂的条纹图案、格子图案和装饰金线的纹格组合而成的图案，形成一种独特的装饰风格。

刺绣在印度也十分盛行，而且由于手工艺传承的特殊性，使得地区风格相当鲜明。如旁遮普省的古都瞻巴有祖母或母亲为孙女或女儿缝制、刺绣的盖头巾，勒克瑙地区精致而高雅的白纱刺绣，西北部半沙漠地带颜色对比强烈的刺绣等，都为服装增添了诱人的艺术效果。

3.印度服装的区域性

作为一个古老的国家，印度的服装起源相当久远。耐人寻味的是，印度服装自公元前直至公元21世纪，服饰风格的演变是微乎其微的。除了有些男性在英国殖民者统治以后开始穿着西装以外，女性始终执着地保留着自己的民族服饰形象。但是，这并不等于说印度服装发展"死水一潭"。岁月悠悠，服装还是表现出明显的演化痕迹，只不过它更直接受到宗教影响，以致因宗教而形成各具特色的地区风格，这是印度服装较其他国家服饰发展的一个独特之处。

印度的北南两地地理环境和气候条件不同，而且由于历史原因造成宗教信仰也不同，这些都直接促使印度服装呈明显的区域性。

可以这样说，南方地区的服装以穿着时能露出手脚的单件式居多。这些长衣分贯口式和围裹式两种，式样大多以宽松为主。服装面料一般不用动物纤维，而多用容易散热或快干的植物性纤维制品。

数当时和以后所绘的壁画中，都描绘出当时各阶层的服饰形象。最为吸引人的是，无论神话人物还是现实生活中的人物都佩戴着华丽的装饰品。这些优美而精致的装饰品有宝冠、头花、项链、手镯、耳环、脚镯和腰带饰物等，都是金银等贵金属制成，并镶嵌着宝石和珍珠。

公元8世纪后，印度除了受到伊斯兰教影响以外，尤其受伊朗即古波斯民族的服装文化的浸润，因此上下分装式的服装被带进了印度。特别是蒙兀儿王朝建立以后，伊朗风格的服装在印度形成了更大范围的流行。关于蒙兀儿王朝时期的服饰形象，后人可以从当时的染织服装遗物上得到大致的印象。

伊朗风格的服装属前胸开襟式长衣。这种长袖、腰间束带的长衣也被称为土耳其长衫。长衫下是较为窄细的长裤，足蹬皮靴，头缠围巾，腰间束带。这种穿着方式实际上遍布中亚、西亚以及印度的伊斯兰教文化圈内。宽而大的围巾，既可遮住烈日避免暴晒，又能防止身体水分由头部蒸发，同时还可在遇风沙时保护面部。

对于印度教徒来说，最常见的服装穿着配套形式，就是在下身穿上印度的传统式围裙，上身则套一件贯口长衫或是以布围裹，总之多用无扣的南方地区服装。

至于纱丽，这种典型的印度服装，多少年来，似乎已与印度人形象割舍不开。很多人都认为这是印度自古以来的传统服式，公元前6世纪至前5世纪开始加工成书的印度古代梵文叙述史诗《摩诃婆罗多》确实提到过妇女的纱丽，但是日本爱知县立艺术大学高田倭男撰文，认为纱丽是公元1780年左右才正式定型并流行的。我们可以这样认为，无论其各地区的称谓如何，纱丽实际上就是人类历史中曾经一度盛行的围裹式长衣。只是由于后来其他国家（希腊、罗马）不再穿用，而印度却保留下来并使之向更为正规、华丽的方向发展，因此当然地成了印

图9-26　印度西北部女子在裙装外披上"奥尔尼"大围巾

北方地区的服装大部分能罩住头部，并且以上下分装的两件式居多。服装面料以不透风、能防止体温散发且贴身的款式为主，所以大多是采用动物纤维或动物毛皮为原料。（图9-26）

从服装的渊源来看，也无不与异族文化渗透特别是宗教有关。

南方地区的围裹式长衣与希腊文化东渐而传入印度有着直接的关系。自公元1世纪前后开始，这种希腊文化的影响就显著地呈现在印度服装上。当时的佛教雕像上的服装，也是较为典型的希腊式服装。这时南印度在犍陀罗王朝统治下建立了强大的国家。犍陀罗诸王都是佛教的拥护者，所以佛教大兴。那些上身赤裸，下身着薄布裙，系腰带，脚踝处有大环形脚镯的佛像造型，正是希腊文化与印度传统文化交融后在服装上的体现。

公元4世纪初，笈多王朝崛起，由于提倡印度教并且努力振兴艺术，所以阿姜塔石窟中大多

度的典型服饰。为了《中外服装史》论述的整体性和系统性，纱丽作为既成事实和定论的印度传统服式，放在服装完善时代的民族服装章节中一并论述。

五、非洲服装源流及演进

非洲服装的起源，无疑是相当久远的，如埃及服装。埃及人创造的包括服饰品在内的文化，也以令人惊讶的高度使之成为一个难以理解的"谜"。撒哈拉大沙漠以南的非洲大陆历史并不短，只是由于参与世界贸易圈的年代较晚，服装材质、款式、纹样变化较小，因而被世界认识相对来说晚一些。就中外服装史来讲，全非洲的人是与整个人类同时创造服饰文化的。

1. 埃及——非洲早期的服装之光

凡涉及埃及的服装，必然会想到 1901 年英国考古学家波达尼在埃及第一墓葬中发现的四枚用黄金、蓝宝石、紫水晶和青金石做成的手镯，但是就构思和制作工艺讲，它显然不能等同于第十二王朝时期的四块著名胸饰。那四块胸饰的一致特点是两面都有精工细作的纹饰：一面以细金线做局部轮廓的勾画，然后再以各类色泽美丽的宝石镶嵌其间，其装饰手段有如掐丝珐琅；另一面则施以精致的线刻纹样，显得单纯、大方。其中两块现藏开罗埃及博物馆。一块上面带有所谓吸引诸神的符号，左右是戴着南北埃及双重王冠的太阳神，其后是两条象征生命和力量的眼镜蛇。而整个胸饰的外形似神殿的立面，两条眼镜蛇尾部的圆形和铭文正中的图形恰似三个大门，其构思颇富匠心。再一块外形好似莲花形王宫，上面有鸟首狮身怪兽，其下践踏着的是被征服的南方黑人和北方白人，而顶部则是一只象征着王权的展翅兀鹫，这种内圈雄壮有力的图像与外轮廓优美典雅的莲花形，构成了完美的统一。

自从公元 2 世纪木乃伊的埋葬习俗被逐渐废除以后，出土的染织品多为穿在亡者身上剪裁适

体而漂亮的各种服装，如前后尺寸相同、整体呈丁字形的宽大上衣等。服装一般是在白色的麻底上以毛纤维织出各种纹样，常见的是在肩或膝部织以方形或圆形结构的纹样，在袖口或下摆部则织以带状的纹样。除了几何图案以外，还有表现基督和其他圣者以及非宗教人物的纹饰，如苏黎世阿贝克财团收藏的织物上，有正在弹奏希腊式竖琴的女子和正在吹笛子的黑人。据说，在当时埃及人举办的宴会上弹奏的大都是非洲黑人。

公元 13 世纪和 14 世纪初的一段时间里，埃及尽管处在外来势力的控制之下，但是其金属工艺品在数量和质量上仍然是十分惊人的。或许可以说，在严重影响埃及自身发展的外民族侵略与统治中，外来文化还是丰富了埃及的服饰工艺。（图 9-27、图 9-28）从金属工艺的装饰纹样来看，埃及不仅受到阿拉伯和欧洲人的影响，甚至在公元 14 世纪时还明显地学习和引进中国式植物纹样的装饰风格。

图 9-27　埃及二十王朝拉美西斯四世泥岩雕像显示的服饰形象

图9-28 埃及二十六王朝"乌加特之眼"护身符

2.西非的原生服装和对外交流

非洲是仅次于亚洲的世界第二大洲，它的面积相当于三个欧洲，地理上习惯分为北非、东非、西非、中非和南非五个地区。除北非多为阿拉伯人以外，其他几个地区主要是黑种人，所以人们通常以贯穿非洲大陆东西的撒哈拉大沙漠为界，把北非以外的地方，也就是撒哈拉大沙漠以南的地方都称为黑非洲。实际上，纯粹的黑种人只生存在非洲的部分地区，而加拉人、努比亚人、霍屯督人以及刚果各民族等都不是体质人类学上"典型的"黑种人，即尼格罗人。

考古发掘和历史研究不断证实，黑非洲文明同样有着悠久的历史。早在公元前7世纪，库什人就懂得了铁的使用；公元前2世纪，在库什王国的首都麦罗埃已有了很发达的冶铁业，并有大量的铁制品输出。其他民族和国家也是在人类历史的新石器时代就创造了铁、陶、木、钢器工艺以及植物编织工艺。"黄金之国"加纳著称于世的是加工精致、造型奇特的骨制品和黄金佩饰品工艺。而大力发展植棉和纺织手工业的马里也在中外服装史上占有一席之地。西非的贝宁王国更是以震惊世界的金工技艺（包括雕像和佩饰）而享有盛名。

当然，对于全人类来讲，了解非洲毕竟太晚了，自公元16世纪欧洲人入侵非洲以后，有不少探险家、传教士和商人，尤其是稍后的考古学家、人类学家和历史学家等留下了有珍贵价值的著作、笔记和文献资料等。今天虽然难以系统、全面地了解黑非洲的服装历史风貌，但通过文字资料还是可以较为真实地了解到那个神秘世界，在殖民者入侵之前和之初的服装原生状态。

说起贝宁，无人不为贝宁人的艺术天赋赞叹不已。贝宁的铜质铸雕工艺具有较为明显的宫廷工艺性质，作品大多是国王、王后和大臣、侍从们的头像或整身带背景的雕像等，还有些是西非人所信仰的神像。

贝宁铜质雕铸所留下的作品，并没有佩饰品实物。但是，铜雕人物形象上的繁杂而华丽的佩饰，通过雕铸家高度的写实技巧给我们今日研究服装提供了间接的、真实的形象资料。无论国王还是王后，都戴着考究的王冠。从艺人的装饰性手法表现出来的王冠外形来看，很像是由金属或其他质料的丝状物编织而成的，也有的层层叠叠或是将头冠分成几个竖向的装饰格。头冠的边缘垂下数条并排的穗状饰条，饰条又分成几组。颈项间都有一圈圈罗列的金属项饰，其项饰包裹颈部的手法以及项饰本身的造型都与缅甸巴洞地区的铜护颈几近一致，只不过非洲贝宁的圈饰不分男女，很多高达下颏。国王和侍从大多裸着上身，下身斜裹一件胯裙，只有极少数的雕像上才能见到上身穿着一件坎肩。可是，佩饰足以遮住上身，颈项间垂下的长而粗的项饰，以及臂钏、手镯等不计其数。即使国王（不是王后）也在手腕上各佩七八个手镯，如果再算上少说也各有十几个脚镯的话，全身环状佩饰品占了相当大的比重。那些铜质雕铸工艺能做得如此精美、如此写实，可以有根据地断定这些佩饰品起码是铜质的，当然不排除金、银等贵重金属的可能性。侍从们的服装与国王相差不多，只是佩饰品不如国王的多，头盔也似乎简单一些。（图9-29、图9-30）

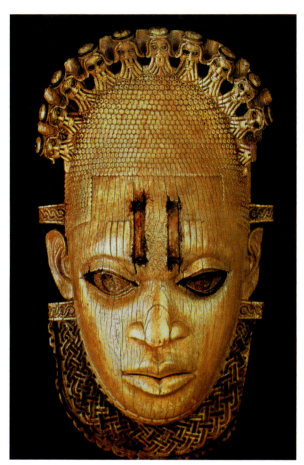

图9-29 象牙面具
　25厘米高，16世纪早期，象牙，贝宁，尼日利亚，伦敦大英博物馆藏。

图9-30 皇后
　39厘米高，约1500年至1550年，青铜，贝宁，尼日利亚，伦敦大英博物馆藏。

　　贝宁王国的铜质雕铸工艺，被史学界人士公认是由伊费传入的。也就是说贝宁的铜雕历史可追溯到公元9世纪，传到第31个君王以后开始接受伊费的统治。公元15世纪时贝宁王国逐渐强大，便脱离伊费而独立。所以，如果说贝宁铜雕工艺是从伊费传入的，很可能是在公元10世纪，最迟不超过12世纪。15世纪时贝宁的宫廷艺术家阿哈马吉瓦改进了雕铸工艺，从而形成了15世纪和16世纪铜质雕铸工艺的盛期，到17世纪开始衰落。这是就铜雕工艺本身的艺术水平而言。我们依此可以得出这样一个结论，那些满身遍饰金属、珊瑚或象牙饰件并衣着豪华的国王等人物的服饰形象，属于公元10世纪至17世纪之间。由于非洲的服装包括佩饰品，与欧洲诸国或

中国相比，在同样的时段中发展缓慢，所以完全可以认定，这一时期中的西非服装，大致上是这样一种风格。（图9-31）

　　欧洲殖民者曾有这样描述："在欧洲的其他许多珍品馆里，我们至今还可以找到那个时期的西非珍品。如用一种香蕉树的嫩叶制成的极端柔软、美妙绝伦的长毛绒；用酒椰属纤维织成的、不起皱的、好像丝绸一样柔软光滑的衣料；带矛头和精美的铜镶嵌物的坚固梭镖；式样精巧、装饰华丽，摆在任何兵器陈列馆里都无愧的弓；装饰得十分雅致的葫芦；刀法细腻、风格鲜明的象牙雕刻和木雕。"三联书店于1960年出版的《非洲各族人民：文化、经济和生活概况》（苏联作者奥尔洛娃）一书中也对西非工艺做了简略的介

绍和评价。我们十分关注的是，作者专门谈到用莱菲棕榈纤维织成的布料，谈到西部热带非洲织布业的高度发展水平。

值得重视的是，西非古代文化虽然基本上是独立发展起来的黑人文化，但著名的撒哈拉商路网也曾使他们频繁地与东非、北非人民进行交往，并且直接或间接地与欧、亚大陆国家进行交往。马里、加纳和桑海都曾在历史上出现过繁荣时期，它们以制铁、纺织和象牙雕刻等闻名于世。尤其加纳有"黄金之国"的美称，马里皇帝也被欧洲人称为"金矿之王"。据记载，马里极盛时，国王曼萨·穆萨曾带了60000人去麦加朝圣，队伍中的500名奴隶每人拿着一根重约两公斤的金杖，而且80头骆驼身上还驮着大量黄金。

公元8世纪到19世纪，位于乍得湖附近的一个名为卡涅姆-博尔努的国家，不但从北非输入马匹和武器，同时也输出象牙、鸵鸟羽等货物。还有位于中苏丹西部的豪萨诸城邦，其毛制品、铜制品和皮革制品非常有名，其皮制品和毛织物远销北非和欧洲。据后代的学者研究分析，欧洲人用的"摩洛哥皮"，实际上就是豪萨城邦的产品经摩洛哥而传到欧洲的。

3.南非和中非的原生服装

在与外界（非洲之外）的交流过程中，北非首先"站在"一个对外交流最有利的位置。其次就是东非，由于海路的畅通，东非在公元6世纪时就已经与南亚和东南亚取得了联系。西非是欧洲人较早到达的地方，相比之下，南非和中非保持自己原生服饰的时间较长，风格也较纯。当然这是指服装成熟时代及其以后的一段时间而讲，不包括现代。

英国的非洲史学家巴兹尔·戴维逊在1960年出版的《古老非洲的再发现》一书中，曾对南非马蓬古布韦遗址的发掘做过介绍："一场激动人心的搜索开始了，这个队的成员们很快找到了金珠子、环饰和薄的镀金碎片。第二天，这个队继续他们的搜索，用他们的刀扒开松散的沙土，他们发现了大块的金片，有些还有样式。这些东西是小犀牛造型的残存物，小犀牛原来是由薄的金片用小金钉子钉在一些树心之类的木头或其他类似东西上面的……1934年，发掘者之一的范汤德尔在独自进行工作时，发现了一片规模很大的墓地，因而能够为科学的鉴定提供大量的黄金和其他金属物品，以及23具骷髅的碎片——这是非洲南部发现的第一个有充分证据和几乎保存完整的欧洲人来到之前时代的'皇帝墓地'。骷髅中的一具与另一具用70盎司黄金连在一起；第3具的腿上带有100个以上的由金属卷制成的脚镯。还发现了一些美观镀金饰物的碎块和大约1200颗金质念珠。"死者随葬的服饰品是当时活人生活的反映，表明非洲的服饰品是多么丰富绚丽。

1831年，葡萄牙入侵者加米图上尉到达刚果南部，见到了隆达统治者穆阿塔·卡曾伯。这位统治者豪华而别致的服饰形象以及高雅的举止都引起了他的兴趣。他曾记述道："他的服饰雅致、

图9-31 贝宁铜雕上显示的服饰形象

129

华丽，这是葡萄牙军官在当地其他君王身上所从未见过的。他戴着一顶饰有羽毛的约有一英尺高的冠冕。这顶王冠颜色鲜红，周围环绕着一圈各式各样的彩色宝石。在他头后，从脖子上竖立着一个用两枚小小的象牙饰针钉牢的扇形绿布绉领。……这位处在遥远的内陆的君主在肩上披着斗篷作为装饰，以皮毛镶边的蓝布条作为高贵的标记，他的前臂戴着浅蓝的串珠，从腰到膝围着大量的以象牙针别住的黄布。"这位葡萄牙上尉的入侵行径是应该受到谴责的，可是他对南非原住民首领服饰形象的描述却是十分有价值的，无论是对历史还是对服装史，都是一段精彩的有意义的文字。

奥尔洛娃在《非洲各族人民：文化、经济和生活概况》一书中写到非洲人服装时说："南部班图人穿的外衣是所谓卡罗斯——一种毛朝里的皮斗篷。"她详细论述："湖间地区用榕树内皮做的特殊布料——木布谷，是非常出名的。做这种布料需要从榕树上顺着树干剥下一条条树皮，将

外面的粗层去掉，而剩下的大块内皮再用木槌（先重捶，后轻捶）捶击使其柔软。结果就会得到一块像细毛毡那样薄并像鞣制鹿皮那样柔软的布。衣服主要用木布谷缝制。譬如，卢旺达的班雅尔弯达族的男人穿过用木布谷做的裙子（从腰部到膝或到踝部），还有用木布谷做的一个系在肩上的斗篷，布上还有星形、锯齿形、条纹方格形状的图案。"

中非也有不少国家以精于织布而称誉一时，而且以衣服惊人的华丽而给人们留下深刻的印象。英国的弗罗贝尼乌斯曾无限感慨地说："15世纪和17世纪的航海家们的发现，给我们提供了有力的证据，证明撒哈拉沙漠以南的黑非洲依然繁荣昌盛，它那和谐而又有高度组织的文明正是处在灿烂辉煌的阶段。"

非洲的原生服装文化是非常久远的。它在与外界友好交流中只有被充实，而没有被冲毁，那个服装世界是异常美丽而又神秘莫测的。美术史家伯纳德·迈厄斯曾在他的著作中提到非洲面具："面具有许多形式——有些面具不是戴在头上，而是佩戴在手臂或臀部上；许多面具被设计为王室最高的标志，成为悬挂在稻草、麻绳、树皮和毛皮构成的衣服上端的装饰——有时更为贝壳、象牙或金属制品的杂凑物所丰富。"当这些数不清的面具再加上涂以红、黄、白、黑颜色的面部，身体局部也涂上白色的人物体饰（文身、涂身、割痕）时，这个非洲的服装世界愈加玄妙了。

在非洲大地上，服装演变比较缓慢，尽管也有交流，但是原生服装的色彩韵味至今依然十分浓郁。也许正因为如此，才使它在服装成熟时代以及上溯和下延的年代中占有重要位置。由非洲到各大洲去的人（其中大部分是作为奴隶身份）等于给各地带去了一部分极其简单却又个性鲜明的非洲人的服装，包括饰品以及整体服饰形象，并影响着各大洲的文化演变。（图9-32）

图9-32　南非铜铸像显示的首服与头饰

第十章
服装更新时代

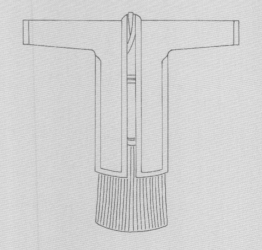

经历了将近20个世纪，服装交流、服装融合和服装成熟结出硕果，服装进入更新时代。这一时代世界上大部分国家和民族的服装水平得到了不同程度的提高，导致服装发展有了新的飞跃，即全面更新。

服装更新并不等同于服装饰品或穿着方式的更新。这一时期所表现的崭新面貌实际上是服饰文化的更新，突出文化精神，是对之前服装大规模交流、融合乃至成熟之后又进一步提高的文化理念。

服装更新时代正值公元15世纪和16世纪，相当于欧洲文艺复兴时期，美洲大陆原住民文化盛期（哥伦布发现新大陆之时），中国（明王朝中期）、东南亚诸国服装得以与外界交流。这一时期也为日本室町时代，是日本服装发展的全盛阶段。

服装更新时代的特征集中于几点，如中国官服上显示等级的补子出现，西欧各国人士在服装上标新立异，这些都在说明人们对于服装文化性的主动探求，已不再限于单纯的求新求美。这种文化性，正强烈地体现在着装者对创作服装和塑造服饰形象的自觉性上。

一、中国明代男女服装

中国明代注重对外交往与贸易，其中郑和七

图10-1 穿补服、戴乌纱帽的官吏
摹明谢环《杏园雅集图》局部。

下西洋，在中国外交史与世界航运史上写下了光辉的一页。这些都大大开阔了人们的视野，使人们获得许多新的文化信息，也为明代服装更新提供了必要的条件。

1.男子官服与民服

明代服装更新中，最突出的一点是恢复汉族礼仪，调整冠服制度。明太祖曾下诏："衣冠悉如唐代形制。"这一决策非常彻底地解除了辽、金、元服装的影响，而这种更新中的文化性，则更突出地体现在官服上。（图10-1）

表10-1 明代朝服规定

品级	梁冠	革带	佩绶	笏板
一品	七梁	玉带	云凤四色织成花锦	象牙
二品	六梁	犀带	云凤四色织成花锦	象牙
三品	五梁	金带	云鹤花锦	象牙
四品	四梁	金带	云鹤花锦	象牙
五品	三梁	银带	盘雕花锦	象牙
六、七品	二梁	银带	练雀三色花锦	槐木
八、九品	一梁	乌角带	鸂鶒二色花锦	槐木

官服以袍衫为尚，头戴梁冠，着云头履。革带、佩绶、笏板等都有具体安排，如表10-1。

明代服装中最具文化性的是官服前后缝缀补子，以区分等级。这几乎成为明代服饰形象的一大标志。而且在封建制的最后一个朝廷——清王朝改冠易服后，仍然保留下汉民族传统文化的凝结体——补子。可以认为，补子的产生和武则天赐百官袍绣对狮、麒麟、对虎、豹、鹰、雁有关。因为当时就是文官绣禽，武官绣兽。

明代补子以动物为标志形象，文官绣禽，武官绣兽。袍色花纹也各有规定。盘领右衽、袖宽三尺的袍上缀补子，再与乌纱帽、皂革靴相配套，成为明代官员典型服式。补子与袍服花纹分级见表10-2。

表10-2 明代朝服的补子、服色与花纹

品级	补子		服色	花纹
	文官	武官		
一品	仙鹤	狮子	绯色	大朵花 径五寸
二品	锦鸡	狮子	绯色	小朵花 径三寸
三品	孔雀	虎	绯色	散花无枝叶 径二寸
四品	云雁	豹	绯色	小朵花 径一寸五
五品	白鹇	熊罴	青色	小朵花 径一寸五
六品	鹭鸶	彪	青色	小朵花 径一寸
七品	鸂鶒	彪	青色	小朵花 径一寸
八品	黄鹂	犀牛	绿色	无纹
九品	鹌鹑	海马	绿色	无纹
杂职	练雀（鹊）			无纹
法官	獬豸			

以上规定并非绝对，有时略为改易，但基本上符合这种定级方法。

综合来看，补子是带有明显符号意义的图案。所选用的动物不是形象俊美的，就是气势威猛的。设计意图力求以此来体现官员的威严，同时兼具视觉美感。动物本身没有等级，是人将自身社会的等级观念，单方面地强加在动物形象上的。因此，这里的动物本身已没有什么实在的意义，它只是充当一个标记，一个凝缩了内涵的符号。从这点来说，无论动物是取自现实世界，如鹤、雁、鹌鹑等，还是取自神话传说，如獬豸（传说中的异兽，头上有角，能辨曲直，能刺不直者）等，都不必用科学的标准去衡量。（图10-2至图10-5）

明代各阶层男子便服主要为袍、裙、短衣、罩甲等。大凡举人等士者穿斜领大襟宽袖衫，宽边直身。这种肥大斜襟长衣在袖身等长度上时有变化，叶梦珠在《阅世编》中称："公私之服，

一品　仙鹤　　　　　二品　锦鸡　　　　　三品　孔雀

四品　云雁　　　　　五品　白鹇　　　　　六品　鹭鸶

七品　鸂鶒　　　　　八品　黄鹂　　　　　九品　鹌鹑

杂职　练雀（鹊）　　　　法官　獬豸

图10-2　文官补子图案

图10-3 明代蓝暗花纱缀织仙鹤补服

　　衣长133厘米,两袖通长250厘米,袖口宽24厘米,下摆宽58厘米,腰宽150厘米,领缘宽2.3厘米;补子高40厘米,宽39厘米。传世实物,山东曲阜孔子博物馆藏。

　　此为明代一品官公服。款式为交领,右衽,镶白绢领缘,长阔袖,左右开裾,打三暗褶。质地为直径纱,暗花为四合如意云纹,间饰小朵花。此衣刺织仙鹤方补,补内织上下相对飞翔仙鹤,以及云朵、牡丹、寿石、桂花、琴棋书画等纹样。

图10-4 明代麒麟补子

　　高36厘米,宽36厘米。

　　1957年广州东山梅花村象栏岗戴缙夫妇墓出土,广州博物馆藏。

　　此补中麒麟为狮身,背生翅,鹿角,圆目,尖耳,侧身坐像。麒麟背飘火焰,四周簇拥如意头祥云,威风凛凛。此补子为方形黄色丝绣,针法密,云朵采用平绣,麒麟采用堆绣和平绣相结合的手法,富有立体感。

一、二品　狮子　　　　三品　虎　　　　四品　豹

五品　熊黑　　　　　六、七品　彪

八品　犀牛　　　　　九品　海马

图10-5　武官补子图案

予幼见前辈长垂及履，袖小不过尺许。其后，衣渐短而袖渐大，短才过膝，裙拖袍外，袖至三尺，拱手而袖底及靴，揾则堆于靴上，表里皆然。"衙门皂隶杂役，着漆布冠，青布长衣，下截折有密裥，腰间束红布织带。捕快类头戴小帽，青衣外罩红色布料背甲，腰束青丝织带。富民衣绫罗绸缎，不敢着官服色，但于领上用白绫布绢衬之，以别于仆隶。崇祯末年，"帝命其太子、王子易服青布棉袄、紫花布裕衣、白布裤、蓝布裙、白布袜、青布鞋、戴皂布巾，作民人装束以避难"。由此可以断定，这种化装出逃的服式，即为最普遍的百姓装束。

明时皇帝、王爷一般戴的帽子有冕冠、金翼善冠。（图10-6、图10-7）首服"四方平定巾"，

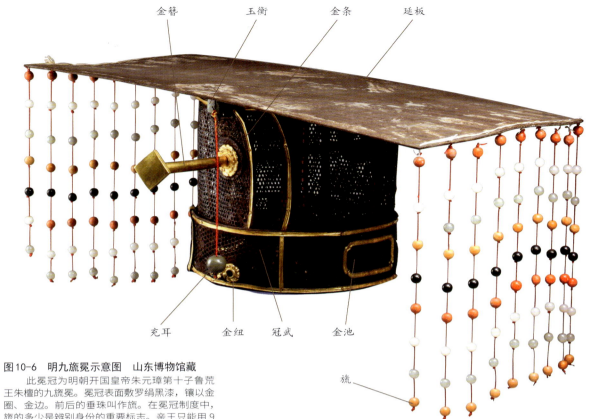

金簪　　玉衡　　金条　　延板

充耳　　金纽　　冠武　　金池

旒

图10-6　明九旒冕示意图　山东博物馆藏

　　此冕冠为明朝开国皇帝朱元璋第十子鲁荒王朱檀的九旒冕。冕冠表面敷罗绢黑漆，镶以金圈、金边。前后的垂珠叫作旒。在冕冠制度中，旒的多少是辨别身份的重要标志。亲王只能用9旒，鲁荒王朱檀这顶冕冠前后各垂着9道旒，因此称为"九旒冕"。

137

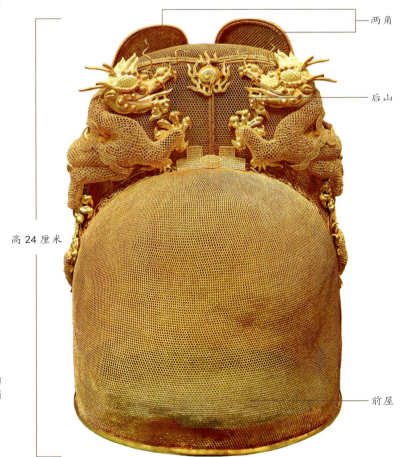

两角

后山

高24厘米

前屋

图10-7　明金丝蟠龙翼善冠
定陵博物馆藏

　　这顶金色蟠龙翼善冠是目前中国发现的唯一一件皇帝金冠。金冠分为前屋、后山和两角三个部分，高度约24厘米，重量约826克，却用了518根直径约0.2毫米的金丝编织而成。金冠顶部有两条蟠龙交汇。整件作品轻盈通透，高贵华丽，工艺精湛。

图10-8 穿衫子、戴儒巾的士人
摹明曾鲸《王时敏小像》局部。

《王时敏小像》（局部）
曾鲸（明）
纵64厘米，横42.3厘米。
天津市艺术博物馆藏。
图中是25岁对画坛正统派领袖、山水画家王时敏。
图中的王时敏身着宽大的白色衣服，头戴儒巾，手持拂尘，盘膝端坐。

一般为职官儒士便帽。有网巾，用以束发，表示男子成年。据说为明太宗提倡，因以落发马鬃编织，用总绳收紧，也得个"一统山河"的吉祥名称。另有包巾、飘飘巾、东坡巾等二十余种巾式，多统称为儒巾。帽子除了源于唐幞头的乌纱帽之外，还有吉名为"六合一统帽"的，即扣在头上半圆形的小帽。（图10-8）

2.女子冠服与便服

自周代制定服装制度以来，贵族女子即有袆衣、鞠衣等用于隆重礼仪的服饰，因历代变化不大且过于烦琐，前述未做说明。到了明代，由于极力恢复汉族服制，扫除辽、金、元的影响，所以又重新制定了一套较为完备的规定。其中对皇后、皇妃、命妇的服装要求非常严格。又因明代距今年代较近，资料比较丰富、准确，故将其作为女子服装的一部分。

大凡皇后、皇妃、命妇，皆有冠服，一般为真红色大袖衫、深青色褙子、加彩绣帔子、珠玉金凤冠、金绣花纹履。

凤冠至迟在中国汉代时已经出现。明代后妃的凤冠更加集中了汉文化的艺术形式，凤冠的形制相对宋代来说，尤为讲究。凤冠的具体形象，除了在南薰殿收藏的《历代帝后像》中已有比较具体的描绘以外，尤为难得的是在京郊明代定陵（万历帝陵）中曾有凤冠实物出土。（图10-9至图10-12）

帔子早在魏晋南北朝时即已出现，唐代帔子已美如彩霞。诗人白居易曾赞其曰："虹裳霞帔步摇冠。"宋时即为礼服，明代因袭。上绣彩云、海水、红日等纹饰，每条阔三寸三分，长七尺五寸。所示品级，多数是随丈夫官级而来。其具体花纹区分见表10-3。

命妇燕居与平民女子的服饰，主要有衫、袄、帔子、褙子、比甲、裙子等，基本样式依

图 10-9　明孝端皇后九龙九凤冠

　　冠通高 48.5 厘米，冠高 27 厘米，径 23.7 厘米。

　　1957 年北京定陵地宫出土，中国国家博物馆藏。

　　此冠用漆竹扎成帽胎，面料以丝帛制成，前部饰有九条金龙，口衔珠滴，下有八只点翠金凤，后部也有一金凤，共九龙九凤。金宝钿花是由黄金、宝石、珍珠组合而成的花形装饰。其间"铺翠"，有翠云、翠叶、珠翠花等装饰满铺在冠上。整个凤冠光彩夺目，色彩艳丽，再配上金边，显得富丽堂皇，且永不褪色。

139

图 10-10　明代万历皇帝孝靖皇后三龙二凤冠

　　冠通高 31.7 厘米，上宽 34 厘米，外口径 19 厘米，内口径 17 厘米，博鬓长 23 厘米，宽 5 厘米，冠重 2165 克。

　　1958 年北京定陵地宫出土，定陵博物馆藏。

图 10-11　明代万历皇帝孝靖皇后十二龙九凤冠

　　冠通高 32 厘米，口径 19 厘米，博鬓长 23 厘米，宽 5.5 厘米，重 2595 克。

　　1958 年北京定陵地宫出土，定陵博物馆藏。

图10-12 明孝靖皇后三龙二凤冠（局部） 故宫博物院藏

唐宋旧制。普通妇女多以紫花粗布为衣，不许用金绣。袍衫只能用紫色、绿色、桃红等间色，不许用大红、鸦青与正黄色，以免混同于皇家服色。（图10-13至图10-15）

其中比甲本为蒙古族服式，北方游牧民族女子多加以金绣，罩在衫袄外面。后传至中原，汉族女子也好穿用。明代中叶着比甲成风，样式主要似褙子无袖，亦为对襟，比后代马甲长，一般齐裙。明代女子仍是单独穿裤者少，下裳主要为裙，裙内加膝裤。裙子式样讲求八至十幅料，甚或更多。腰间细缀数十条褶，行动起来犹如水纹。后又时兴凤尾裙，在每条凤尾上绣图案、两边镶金线，并相连成裙。

明代女装里还有一种典型服装，即是各色布拼接起来的"水田衣"，非常有艺术性。（图10-16、图10-17）

表10-3　明代帔子各品级的图案

品级	霞帔图案	褙子
一、二品	蹙金绣云霞翟纹	蹙金绣云霞翟纹
三、四品	金绣云霞孔雀纹	金绣云霞孔雀纹
五品	绣云霞鸳鸯纹	绣云霞鸳鸯纹
六、七品	绣云霞练雀纹	绣云霞练雀纹
八、九品	绣缠枝花纹	摘枝团花

《孟蜀宫伎图》（局部）
唐寅（明）
全图纵 124.7 厘米，横 63.6 厘米。
故宫博物院藏。
此图中服饰属于明代宫女典型服饰。

图10-13　穿褙子、衫、裙，披帔子的女子
　　　　　摹明唐寅《孟蜀宫伎图》局部。

图10-14　穿襦裙、披帛的女子
　　　　　摹明仇英《汉宫春晓图》局部。

《汉宫春晓图》（局部）
仇英（明）
全图纵 30.6 厘米，横 574.1 厘米。
台北故宫博物院藏。
　　《汉宫春晓图》是人物长卷画。此局部为弈棋场景，
画中人物身着艳色襦裙，披帛、挥扇，生动呈现了春日晨
曦中汉宫娴雅幽然的生活情景。

图10-15　明大红色四兽朝麒麟纹妆花纱女袍　山东博物馆藏

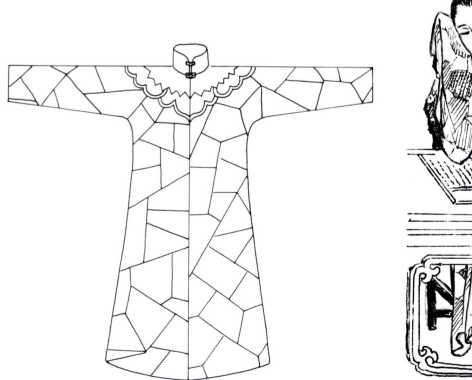

图10-16　"水田衣"示意图

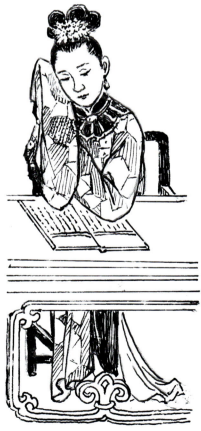

图10-17　明《燕寝怡情图》中穿"水田衣"的人物

二、文艺复兴早期欧洲服装

文艺复兴，无论其性质是不是对古典文化的复兴，都是继希腊、罗马之后欧洲文化艺术的又一高峰。服装作为文化的一种表现形式，必然受到当时文化大背景的影响，只是它毕竟不同于绘画、雕塑等纯美术作品，而是更具有实用性与广泛的群众性。因此，文艺复兴期间的服装是以一种有异于前代服装，又区别于当时美术的风格和面貌出现的。

值得今人注意的是，人文主义的旗帜使着装者摆脱了教会经学的桎梏和掩盖形体美的服装模式，可以在服装设计中充分展示人本来的自然美。这种反宗教的设计思想，应该说起始是积极的，有利于服装的正常发展和人性的自然显露。但是，当奢华和时髦的趋势愈演愈烈，直至无法收拾的地步时，服装反而又禁锢了形体。如紧身束腰的金属衣，它最初出现或许是为了强调人的形体美，用以反对宗教禁欲，殊不知过分强调人的形体美，以致用人力去改变形体时，已经又从另一端束缚了人的本性和本体。

由于这一时期西方处于文艺复兴运动旋涡中的国家发展不尽平衡，因而在服装上的表现也不完全一样。

1.意大利服装

意大利是文艺复兴的发祥地，很多文艺复兴时期的艺术巨匠都诞生或活动在这里。意大利服装的辉煌成就需要从服装面料说起，当年的卢卡、威尼斯、热那亚和佛罗伦萨等地，有着先进的纺织生产技术，因而可以保证有大批量色泽艳丽的上等服装面料——天鹅绒和锦缎来供应服装的需求。宽松系带外衣一度时兴，这是一种长及小腿肚的服式，早期袖口肥大，袖筒像个袋子，衣领略低。到15世纪中叶以后，衣身不再那么宽松，衣袖也不像以前那样肥大。不仅衣身缩短，袖子也有缩短的趋势。再改进，则几乎找不到原有宽松系带长衣的外形了。（图10-18）

图10-18 《托莱多母子》图中显示的意大利女装 1544年

意大利妇女不仅讲究豪华，而且讲究高雅。一种大而圆的头罩使其与宽松长衣一起取得和谐的效果。贵妇们对于衣服的装饰总不会疏忽，一件件深颜色的长外衣上，镶缀着数不清的金银饰物。如领口下方有双排镶金的彩饰圆扣，而且还嵌在一片片金牌上，点缀着考究的领口。腰间也是闪耀着光泽的金色系带，全身服装熠熠生辉。与此同时，贵族妇女出门时总要戴上透明的面纱。轻柔细薄的面纱，周边再镶缀上颗颗珍珠，精致至极。除了面纱上的珍珠以外，衣着奢华的贵妇几乎无处不装饰着珠宝。

2.法国服装

在法国，宽松系带长衣流行了将近50年。其变化是双肩部位更加宽大，内装填充物，双肩至腰部是呈斜向的皱裙。不难看出，虽然法国男装的演变与欧洲其他国家有相近的地方，但是它仍然有自己的一些特点。例如紧身上衣的变化就与意大利不同。意大利的紧身上衣在与裤子连成一个整体外形以后，袖子依然是紧瘦的。而在法

国，衣袖却从腰部开始就已形成，然后逐渐收缩，直至紧贴在手腕上。（图10-19）

这一时期法国女服中最引人注目的是头饰。不论其设计样式还是它的轮廓大小，都给人以新奇独特的印象，可以说达到了离奇古怪的程度。最普通的头饰可能要数发网。发网的质料和装饰不同，借以区分出着装者的身份和富有程度。贵妇头冠样式奇特而且多种多样，同一时期除了以上几种以外，还有的是将头冠做得方方正正，以相当于四个头部大小的立体放在头顶上；有的则是在卵形装饰上，由镶嵌宝石、珍珠的发网所覆盖，上面还有一条条鼓起的布卷伸向前额，布卷端头下落成弯曲形状，右侧还附上一条长围巾。再有的是以一圆锥形的头冠直竖在头上，其高度相当于两个头长，然后再在尖顶上罩一层纱巾。纱巾可以很长，直披

到下肢部位，穿着时用一只胳膊揽过来；也可以很短，将一小块纱巾折成蝴蝶状插到头冠的顶端。这种圆锥形头冠曾一度被大围巾完全罩住，围巾质料用天鹅绒、锦缎、纱罗或是金丝布。（图10-20、图10-21）

3.勃艮第公国与佛兰德公国服装

勃艮第人和佛兰德人由于交往频繁，所以服装风格十分接近，而和法国人的服装相比区别相对大一些。

对于文艺复兴时期的服装，有一种这样的说法：15世纪西方各国宫廷中最为奢侈豪华的服装，要算勃艮第大公的了。他不仅拥有巨大的财富，而且又酷爱追求服装的华丽壮观，极力显示自己的权威、尊严和阔绰。

据说，鲍尔德·菲利普对服装有着奇特的痴爱，他的服装设计式样经常成为当时欧洲服装的

图10-19　法国使臣衣服，外衣内显然有填充物

图10-20　17世纪中叶的路易十四肖像

不做出向前轻轻一踢的动作，使鞋尖展开，以防因脚踏在鞋尖上而绊倒。如果碰上雨天泥泞、道路凹凸不平，这种笨拙的鞋尖就更容易折损变形了。于是，人们又制作一种木底的尖头鞋，并配上金属和系鞋的宽带。比14世纪尖头鞋又加长不少的鞋子，紧紧贴在长筒袜上，上衣有意加宽的肩部和有意收紧的腰围，头上再戴一顶高高的塔糖帽，并插上两根鸟羽，这就是勃艮第公国最时髦的男性装束了。

由于勃艮第几任大公酷爱服装和大肆挥霍，还曾导致了一种新式服装的出现，这在中西方服装史上也可谓一段别有情趣的故事。公元1477年，勃艮第大军在南希对瑞士军队发动进攻，其结果以勃艮第人全军覆灭而告终。勃艮第最后一位大公不幸阵亡。大公在历次征战中有一个习惯，就是在帐篷里堆满了华美精致的挂毯和彩色纺织品，而且还要有各式华丽的服装和金银珠宝佩饰等。所以，这次战争失利以后，久经战乱的瑞士官兵不禁为取得胜利而欣喜若狂。他们把获得的纺织品和服装撕成一块一块的碎头，然后用它充塞自身破烂不堪战服上的孔洞。最后，瑞士官兵就是穿着这样光怪陆离的服装返回家园的。而瑞士国内的人们对凯旋的英雄官兵无比钦佩和

榜样。在欢迎兰卡斯特大公的盛大宴会上，他身着两套迎宾礼服，一套是黑色的宽松系带长衣，拖至脚面，其左衣袖饰有22朵金质玫瑰花，以红、蓝宝石和珍珠镶嵌于花朵之间。另一套服装为鲜红的短式天鹅绒上衣，衣服外表有刺绣的北极熊图案，金色衣领上布满了光彩照人的晶莹宝石，雍容华贵至极。在今天能够看到的当时勃艮第大公的服装实物中，有一顶高筒王冠。颜色金黄的天鹅绒为王冠的主体，上面镶有金色花冠、几枚特大的珍珠和各色宝石，还有6条用小珍珠连成的饰带，以棒状扣针钉牢，而这枚扣针上也同样镶满了宝石和珍珠。最后，王冠上又装点一片红、白两色的鸵鸟羽毛。

勃艮第人的尖头鞋是以其鞋尖长度惊人而闻名于世的。它源于14世纪末，至15世纪70年代时，尖头鞋的尖长达到了令人惊讶的程度。收藏于维多利亚与艾尔伯特博物馆内的一只15世纪尖头鞋，从鞋后跟到鞋尖长达38.1厘米。这种尖头鞋皮质柔软容易弯曲，因此给穿着者走路带来了一定的困难，以致每向前迈出一步，就不得

图10-21　玫瑰挂毯
全高2.9米，约1435年至1440年，羊毛，纽约大都会美术馆藏。

图10-22 军服中的切口装

图10-23 德国画家丢勒的自画像 1498年

美慕，以至模仿军人奇怪的服装。把自己的衣服故意撕出裂缝，再塞进多种颜色的碎布，使周身布满皱褶，颜色混杂的服装成为一度最时髦的装束。

这种服装从瑞士向全欧洲流行开来，致使男女都盛行穿戴有切口的衣服和鞋帽。具体做法就是把外面一层衣服切开，即剪成一条条有秩序排列的口子。有的平行切割，有的切成各种图案。人们穿着时，由于处在不同部位的切口连续不断地裂开，所以不规则地露出内衣或是这件衣服的里衬。这样就使得两种或多种不同质地、光泽和色彩的面料交相辉映、互为映衬，并且忽隐忽现，因此产生出前所未有的装饰效果。（图10-22）

4.德国服装

德国人在这一时期的着装，与法国人大体相像，但是佩剑是德国人的独特习惯。短剑的剑刃并不锋利，仅仅作为装饰。有人同时将几支短剑排列一起佩戴在身上。这些短剑往往被佩成扇贝形或者叶片形，而且还要系上饰带。最讲究的是饰带颜色应该和系带长衣的里衬颜色一样。德国男人不仅喜欢佩剑，而且还十分热衷于佩戴铜铃。宽大的镶金衣领通常要系上直径为7.62厘米的3个铜铃。腰间饰带上要吊上几个铜铃，甚至在带袖紧身衣的底摆边缘上也要吊上两排铜铃。勃艮第服装风格影响到德国以后，德国人继承了勃艮第人的尖头鞋，并且将切口服装发展到令人难以想象的地步。（图10-23）

德国女性的服装追求有一些自己的特点，如腰间不系带，任其宽大的裙身和臂肘以下放宽的衣袖垂落在地上。同时，还在领型上做了大的改进，以前的领型无论是鸡心形还是方形，都主要是围绕着前胸进行设计，这时却有人将前襟领口做成圆形，位置很低，而将鸡心式领型用在了后背，这种前后都向下延伸的领型导致了后代女子晚礼服样式的兴起。

5.英国服装

英国人受欧洲大陆服装风格的影响，并不像德国人那样明显，他们的服装趋新在相当程度上是受到各国宫廷联姻的影响而促成的。尽管这样，还是在更长的时间里稳定地保持着自己的风格。其衣袖宽窄、衣身长短以及领型变化等都比较慎重。

英国妇女将着装热情较大地倾注于头饰之上，心形、洞穴式等应有尽有。其中最有特色的是用自己的头发在两鬓上方各缠成一个发髻，然后分别用发网罩住，再用一条美丽的缎带系牢。于是，有人曾恰当地称其为鬓发球。发球有大有小，最初是根据自己头发的多少而定，后来有了罩在发球上的金属网，发球大小就可以随意而为了。（图10-24）

6.西班牙服装

西班牙服装对西方构成影响，是文艺复兴盛期的事了。但是，这绝不仅仅因为是西班牙发现新大陆后陡富而造成的地位升高。实际上，西班牙从15世纪时起，就已经有了自己足以对外构成影响的服装发展实力。

现收藏在西班牙东北港口城市巴塞罗那艺术博物馆中的一幅画，是由画家彼德罗·加尔卡·波纳巴利绘制的，画面表现了撑箍裙的夸张形状。这些圆箍由上到下逐渐增大，共有6只圆形撑箍，牢牢附在锦缎长衣的裙装部分。这种撑箍裙的确起源于西班牙，开始时是用木质或藤条一类易弯曲带弹性的物品做成。它们最初附在裙衣外面，16世纪时转为附在裙衣里面。

三、文艺复兴盛期欧洲服装

当文艺复兴发展到鼎盛时期，服装也步入频频更新的阶段。来自四面八方的各种影响交织到一起，加之残酷掠夺与正常贸易，欧洲迅速富裕起来，而人们也不必再将最美好的衣物收藏起来或送到教堂。摆脱了宗教思想的束缚之后，欧洲

图10-24　英国伊丽莎白一世公主像　勒维纳·提尔林克
　　纵108.6厘米，横81.9厘米，约1559年，木板油彩，英国皇室收藏。

人开始不遗余力地将金钱花在服装上，这个时候欧洲各国服装有了很明显的趋同性。

1.男子服装

文艺复兴盛期的男子服装，在更新上做出的努力足以使人眼花缭乱，但是如果从中找出一些代表性的服装，可以将切口式服装、皱褶服、填充装和下肢装束作为重点。

切口式服装最为流行的年代在1520年至1535年间。这时切口的形式变化很多，有的切口很长，如上衣袖子和裤子上的切口可以从上至下切成一条条的形状，从而使肥大、鲜艳的内衣或外衣里衬从切口处显露出来；有的切口很小，但是密密麻麻地排列着，或斜排，或交错，组成有规律的立体图案。贵族们可以在切口的两端再镶缀上珠宝，更显得奢华无比。一般说来，在手套和鞋子上的切口都比较小，而帽子上的切口则很大，使帽子犹如怒放的花朵一样，

图10-25　画像上体现的皱褶领

均匀的填充物。它可以使每个皱褶的外轮廓显得固定而凸起，同时保持外形不变。（图10-26）

有人说皱褶衣领起源于意大利，但是没有足够的证据。至于皱褶里填充其他物品的服装形式，更无从寻找源头。填充服装或许从瑞士官兵的即兴制作之后引起了广大西方人的兴趣，抑或是骑士装内衬的延续，再者西方人有将服装做得挺括、板直、见棱见角、立体感很强的传统，所以这几种服装很难确定为是从哪一个国家率先穿起。但可以肯定的是，16世纪后半叶，在紧身衣逐渐膨胀的基础上，各种以填充物使其局部凸起的服装时髦款式愈益走向高峰。

双肩处饰有凸起的布卷和衣翼，这种显得身材格外魁梧的款式并未满足欧洲人在着装上的"扩张"心理。于是，人们又在下装上做文章。有一种在长筒袜上端突然向外膨胀的款式，吸引了大批赶时髦的贵族青年。人们将这种服装称为"南瓜裤"，因为从形状和大小来看，确实近似南瓜。为了保持外形不变，必须往衣服里面放大量的填充物，如鬃毛或亚麻碎屑等。南瓜裤的外表通常绣上直条花纹，缀上刺绣布块，或是以刺绣手法使其有透孔装饰，这些无疑又为浑圆的南瓜裤增添了玲珑与秀美。

法国国王查理九世的胞弟佛朗希斯大公，是这一时期追逐时髦装束的风云人物。他的一般装

一瓣一瓣地绽开着。

领型的皱褶形成环状，围在脖子上，是这一时期的流行装束。男女衣服上的领子都讲究以白色或染成黄、绿、蓝等浅色的细亚麻布或细棉布裁制并上浆，干后用圆锥形熨斗烫整成形。这些皱褶领，曾在欧洲各地普遍采用，有时为了保证大而宽的皱领固定不变形，还要用细金属丝放置在领圈中做支架。制成这样的皱领相当费料，而且着装者吃饭时还要使用特制的长柄勺子。（图10-25）

不仅领型使用皱褶形式，服装上也非常时兴皱褶。当年的亨利八世，就曾经穿着银线和丝线合织成的服装，上面布满了凸起的皱褶，金黄与银白两色交相辉映。大都会艺术博物馆内还收藏着这一时期的军用衣裙，这种珍贵的实物向今人显示了衣裙的质地和特殊的结构。衣裙上的一些管状皱褶，从上到下逐渐变粗变宽，皱褶内都有

图10-26　英国伊丽莎白一世（1533—1603）时期盛行的领饰

束是：光滑平整的紧身上衣内有少量的填充物，前胸呈豆荚形状，腰部以下饰有一周垂片。皱领很高，边缘上还饰有一圈彩带花边。南瓜裤表面装饰着刺绣布块，两腿很细，由上至下略成尖状。脚上的鞋子并不奇特，但在肩上还有宝石链、带有山猫皮衬里的披肩，帽子上还有飘带。德国人也喜欢填充式服装，但是他们喜欢裤身宽松的步兵裤，而不喜欢球状的南瓜裤。每一裤管上有4个透气孔眼，在此之前曾有过16至18个孔眼的裤形。裤管内的填充物不再是鬃毛或亚麻碎屑，取而代之的是大量的丝线。

到了16世纪末，南瓜裤的外形已由凸起的弧线形一变而为整齐规律的斜线外形，有的是在裤管下端加添一些填充物，使其定型。再以后，上衣衣袖边也以填充物使其固定成某种造型。男服下装的长筒袜在文艺复兴盛期几经变化，当然万变不离其宗，它始终紧紧地贴在腿上。特别是从膝盖部位起至腰间以填充物使其膨胀时，膝盖下也还是紧贴腿部的。

2.女子服装

文艺复兴盛期女子服装中最有特色的就是广泛流行的撑箍裙。它由西班牙首先传至英国，从此名声大振，一直延续了近4个世纪。

在女服的发展中，撑箍裙的外形被一再改进。据说法国亨利四世的妻子玛格丽特想用庞大的撑箍裙来掩饰她那不太丰满的臀部，于是将西班牙的锥形（即上小下大）撑箍裙在腰部添上车轮形撑箍架，改为从腹臀部就膨胀起来的撑箍裙。当时妇女们欣赏玛格丽特的改进，为了使裙子可以从腰以下就向外展开，便大都在腰围下系上了车轮形的撑箍。这样一来，"轮状撑箍裙"就使得女性臀围出奇的丰满，当然也就显得腰肢更加纤细了。

尽管这样，女性们仍然认为腰肢还没有纤细到令人满意的程度。在这种情况下，各式紧身衣出现了。不过这时的紧身衣，已不用早年曾经出

现过的布质或皮质。据说在16世纪的某一时期，一位聪明的铁匠，发明了像笼子一样的铁丝紧胸衣，它的宽窄与松紧是由铁链和插销加以调整，最后使其适合人的身材。不过，这种紧身衣的里面大多要穿上丝绸衣。

除了细腰丰臀以外，文艺复兴盛期的女士们还曾无限大地夸张袖子的立体感。以填充物使袖子呈羊腿形、灯笼形、葫芦形等。那些上粗下细、上细下宽、中间鼓起或是多层起鼓的袖子，无疑更加强了整体服饰形象的立体感觉。还有的袖形，是在衣袖上端向外侧膨胀鼓起，中间偏上部位镶着金边佩带。佩带绕袖一周，将袖子分为上下两部分。再有是整个衣袖用轻薄的布料制作，上面布满了皱褶，并饰有许多珍珠宝石。（图10-27）

英国女王伊丽莎白的服装具有典型的文艺复兴盛期风格。如外袖从肩上垂下，平展合身；肘部以下的袖子又宽又长。袖子下部向上卷着，卷起的袖边高高地固定在上臂不显眼的地方。这样外袖衬里等于暴露在外，外袖衬里的精美花纹和衬装上颇具灵感的匠心技巧都可以被展示出来。袖子衬里往往异常宽大，并且镶缀着豪华的钻

图10-27　细腰丰臀的女服

石。这些钻石与白色丝织品和金丝锦缎制成的衬裙交相辉映，再加上腰间的垂饰、镶有宝石的领口和缀满珠宝的帽边，使得女王着装像是珍奇的服装展览。

这时期女服配套中，足服和手套、手帕等也被精心设计，并得到了长足的进步。高跟鞋已经出现，当然最确切的说法不如称它为厚底鞋，因为它不只加高跟部，其鞋底大面积都做了加高。还有那些装饰着珍珠的捻线腰带、麦秆编的旗形扇、象牙柄的绢扇、雕花木柄的羽毛扇、宝石镶柄的鸵鸟毛羽扇、羔皮或纸制的折扇以及用天鹅绒和皮革制成的有刺绣和珍珠装饰的女用提包等，共同构成了文艺复兴盛期的女性着装形象。绚丽和奢华是对当时服装总体风格的概括。总之，服装更新时代的服装是令人振奋的，是中外服装史上辉煌璀璨的一页。

四、美洲原住民服装——印第安人的文明

首先需要关注的是，哥伦布发现新大陆时，并不是美洲文明的起点，当时美洲印第安人已进入文明的极盛期。

远在西班牙人登临美洲以前，美洲大陆的文明已经历了漫长的发展阶段。现代学术界根据人文考古和地理考古的发现，认为在冰河时代末期，由于地球上的海水冻结，水位下降，亚洲和美洲大陆之间的白令海峡变成"陆桥"。旧石器时代的一些亚洲狩猎民族（蒙古利亚人种），经过这座陆桥，逐渐进入美洲大陆，他们就成了人们习惯称为"印第安人"的美洲原住民。更详细的推测是，距今至迟在44000年前，美洲大陆上已经有了定居的人类。过去的说法是15000年前亚洲人进入美洲，但在洛杉矶发现的23000年前的人类头骨和在圣地亚哥发现的44000年前的人类头骨，无疑将印第安人的历史又推远了。可以肯定的是，这些在亚洲居住的人类是从西伯利亚

到堪察加，通过冰冻的白令海峡，到达阿拉斯加境内。然后再不断向墨西哥、中美洲迁移，直到南美洲的尽头。到了距今10000年至5000年前的时候，美洲的一些主要文化区已出现较高水平的新石器时代文化。公元前2000年至公元前1000年时，这些文化区已经历了原始公社制繁荣、解体和帝制社会萌生的各个阶段，并在其后的时间里，文化发展的情况越来越复杂，出现了一个又一个高潮，直到15世纪末16世纪初西班牙人登上美洲大陆，印第安人的文化已十分发达且丰富多彩。

需要说明的是，印第安人的称呼是由于哥伦布发现美洲的时候，他误以为登上了他航海的最终目的地——印度。所以，极其自然地将那些人称为"印第安人"（意即印度的居民）。尽管这已经是一个人尽皆知的错误，可是后来的文献中把整个美洲大陆上的原住民都叫作印第安人，只有极北方的因纽特人和阿留申人除外。对于这一点来说，《中外服装史》完全没有必要纠正这种错误而用相沿已久的称呼，因此我们仍将美洲原住民服装看作是印第安人的文明。

1. 古代墨西哥地区服装

墨西哥曾被西班牙人统治了三个半世纪之久。遗憾的是，墨西哥的原住民印第安民族及其本土文化，一向被视为落伍与野蛮而遭到轻蔑。直到1910年的墨西哥革命，才将这种观念改变过来。不仅很多外国人类学家或考古学家在墨西哥地区发现了那些令人震惊的、精美奇特的原始民间服饰品、日用品和生产工具，而且墨西哥民众也渐渐地感到，自己的人种是混血的。在文化之中，有西班牙与印第安两种同样分量的要素混合在一起，而现代文化并非全是外来文化的翻版。于是，人们逐渐肯定了印第安人史前文化的价值。

在以现代墨西哥城为中心的古代墨西哥地区，考古学家也发现了11000年前的人类化石；

约在公元前1500年，墨西哥湾沿岸的大平原上和丛林中出现了被认为是美洲大陆第一个主要文明的"奥尔梅克文化"。

奥尔梅克人喜欢用绿玉、蛇纹石、花岗石作为材料，制作一些小石像。这些石像可能因为其具有宗教的意义，而成为大家重视的神像。这些神像上的服饰较为简单，但是仍然显露出一些服装的简单形象。有一件出土于拉卜塔墓地的绿玉女性坐像，表面上涂有朱砂。最醒目也是最具巧思的是，女像脖子上挂了一件亮晶晶的饰物，那是用磁铁矿磨制而成的，可能具有巫术的意义。另外在摩列洛斯州出土的陶偶，被认定是一位祭司坐像。奥尔梅克的陶偶或石偶，很多是戴着一件前檐方方正正的头饰。这位祭司的背上披有一件美洲豹的毛皮，美洲豹的四个爪一直伸展到着装者的肩部和胯部。

特拉提尔科文化主要在公元1世纪至9世纪期间兴盛。当时的特拉提尔科城是古代墨西哥地区最兴盛的城邦和宗教文化中心。它位于现今墨西哥城北面的一个山谷之中。特拉提尔科人讲究做一种石制的镶嵌人面，据考证可能是富有者死后所戴的面具。具体做法是常以蓝宝石作为面部的主要镶嵌材料，以贝壳为眼白，以黑曜石做瞳孔，有时还以红色玉石做成项链等饰物。有一种着装戴冠的女性陶偶，在这一地区出土很多。其中一件陶偶头发被梳理得很整齐，戴着一顶较大的上檐宽阔的帽子；两耳处除了戴着圆圆的耳环外，还有两条垂饰，从其伸展出的上端来看，不是发辫，很像是帽子上的垂饰；女偶颈与锁骨交接处有一个浅色的镶嵌圆环，或许是项饰一类物件。她穿着有褶的宽裤子，裤褶的地方是装石子或陶土球的袋子，以便跳舞时发出声音来。这位女偶很可能是当时人塑造的一个舞者形象。

另外还有一件面具是用陶土做成的，他戴着一对硕大的、圆圆的耳环，表现出特拉提尔科文化的典型特征。其嘴上以金属或其他板子一类

物质盖住的行为是当地的风俗，据说是为了防止死者的灵魂从口中逃出。这种风俗不仅在墨西哥，就是在南美洲的秘鲁也一样可以见到。这些说明耳饰是生前所有的，但嘴饰却不是生者所戴用的。

特拉提尔科的祭司，大部分总是衣帽齐整的。因为所塑的这一类祭司，像高在6至10厘米之间的为数很多。他们大都戴着巨大的头饰，斗篷有长有短，长的可及足踝，短的只到上半身，有些甚至只系一条发带作为装饰。虽然头饰和斗篷的款式不尽相同，但他们有一个共同特点，就是都戴着耳饰和头饰，而且头饰总是硕大的，几乎超过头部体积的好几倍。（图10-28）

在位于墨西哥市东南方约530千米处，是海拔1550米、气候宜人的高原盆地。盆地北面有一座高400多米的山丘，名为阿尔邦山，这里自古以来是沙玻德加族的圣地，后来也出现了包含许多神殿与祭坛的大祭祀中心。这里的文化可追

151

图10-28　墨西哥祭司服饰形象

溯到公元前 500 年左右，公元 1 世纪至 3 世纪出现大规模建筑，公元 4 世纪至 11 世纪进入繁荣时期。后来米斯特克族又在这里建立了自己的文化。著名的蒙特阿尔邦第 7 号墓出土的大量金银器和珠宝玉石饰品，就是米斯特克族文明的象征。这里不同于那些人口密集的都市，是仅供祭祀或贵族居住的地方。米斯特克诸王，曾将许多财宝埋在这里。

在蒙特阿尔邦第 7 号墓中发现，除了国王和殉葬者的遗骨外，还有极为卓越的金银工艺品，以及绿松石、琥珀及水晶等许多首饰。其中有一件黄金制的坠饰，自上而下为四个不同形状的装饰金板。每个金板上分别表现的是天空、太阳、月亮和大地。金板之间以金环相连。第一块呈大写字母"H"形，其上以浮雕手法表现着两个正在打球的昼、夜之神，象征着天空；第二块呈圆形，其边缘和中间均饰有放射状纹样，象征着太阳；第三块呈正方形，其上难以理解的图案被认为表现的是月亮；最后一块呈扁方形，以透雕手法表现了象征着大地的怪物。这件坠饰长只有 21.9 厘米，可是却表现了如此丰富的内容，而且如此精巧别致，实在令人赞叹。

另一块闻名于世的黄金胸饰，被人们称为"带有历表的黄金胸饰"。它直径仅有 11 厘米，却塑制了一个有着硕大头饰的人物雕像，而且头饰和面部结构、表情以及雕像的胸甲都刻画得细致入微。尤其是两侧胸甲上分别饰有优美的象形文字：一边是萨波提克族的历表，另一边是米斯特克人的历表。雕像表现的究竟是谁呢？一种说法是死神米克得兰库特里，另一种说法是米斯特克族某位酋长。无论表现的是谁，这些胸饰都代表了米斯特克人的黄金工艺水平，胸饰被后人认定是采用失蜡法铸成的。

在蒙特阿尔邦第 7 号墓出土的米斯特克族的黄金饰品多达 121 件，其重量共 35 千克。除了上述胸饰以外，还有各种各样的首饰。贝尔纳·诺

埃尔在《墨西哥古代艺术》中对米斯特克人的金属工艺曾做过这样的评价："在制作金银器方面，米斯特克人简直无可匹敌。他们用'失蜡法'或'压纹法'制作首饰，如胸饰、兰花状的鼻饰、项链、耳环、戒指等，其制作的精细和外形的美观都使人感到惊讶。"

在蒙特阿尔邦第 7 号墓中发现的豪华饰物中，还有不少以绿松石、贝壳、黄金等穿成的珠链。一件收藏在瓦哈卡文化博物馆中的项饰，就是由 23 条这样的珠链组成的多层饰件，不仅两头的锁扣是由黄金做成，项链的最外圈也全是以黄金制成的念珠，而且还在相隔不远处缀上一个铃状垂饰。项饰总宽约 40 厘米，据推论，可能是国王生前喜欢的佩饰。当时人能够把易于破碎的黑曜石磨制成薄如纸的线轴状半透明耳饰，工艺水平非常惊人。再有以翡翠和蓝宝石做成的手镯，以水晶、黑曜石和黄金做成的唇饰，以及用 40 个三角形的黑曜石组连成的项链等，都是墨西哥地区极典型的、水平也极高的佩饰品。

公元 9 世纪以后，墨西哥地区又先后出现了两支重要的文化力量，即托尔特克文化和阿兹特克文化。其中阿兹特克人原是北方的游牧民族，进入墨西哥以后，凭借其强大的军事力量在短时期内便征服了其他几个民族，发展成一个幅员广阔、人口众多的奴隶制国家。1324 年，他们在特斯科科湖中两个岛上建立了自己的都城特诺奇蒂特兰，即今天的墨西哥城。这样看来，阿兹特克人的金属工艺盛期要比米斯特克人晚二三百年。根据资料记载，阿兹特克人制作的黄金唇饰，形状是一条姿态优美的蛇，那条用关节连接的蛇舌在口内滑动。可惜的是这些艺术品已经找不到下落了。

德国文艺复兴时期的艺术大师丢勒于 1520 年在布鲁塞尔参观一个墨西哥黄金工艺品展览后写道："我见到了从那新的黄金大陆带给国王（西班牙）的物品：一个几英尺宽的黄金的'太阳'，另一个同样尺寸的银的'月亮'，还有许多

图10-29　墨西哥阿尔邦山神殿祭祀雕刻中显示的羽毛饰

闪烁着金光的武器、甲胄和器皿；奇妙的衣服、寝具和各种日用的珍贵什物。它们都像神话般美丽。……在我一生中没有任何东西看来比它们更令人喜爱，因为我在它们中间看到了惊人的艺术品，我为这些遥远国度的人们的精妙技艺赞赏不已……"非常遗憾，西班牙入侵者把这些黄金工艺品在欧洲的各个宫廷展览后即熔成金块了。现在若想研究墨西哥的古老饰品，仅能依据一些考古发掘的资料。

在墨西哥的服饰中，除了金属和玉石等制品以外，独具特色的羽毛饰物工艺，更为墨西哥服饰增添了不少的光彩。这种精心设计、通过对羽毛的粘贴或编织制成的饰物几乎遍布了全美洲。因而，也可以将它看作是美洲特有的佩饰品。

首先是美洲大陆上有着无数色彩鲜艳的飞禽，它们那绮丽的、可以随光线而变幻的羽毛给了人们以强烈的审美感受。其次，美洲人崇拜的神的形象，大都离不开羽毛。其中墨西哥托尔提克族崇拜的蛇神，就是一种长着羽毛的蛇。在狄奥提瓦康的奎兹尔科亚特尔神殿等处，就保留着这种羽蛇神的形象。再者天神、雨神等与种植有

关的神大都带着羽毛，至于说祭司甚至酋长等上层人物的服饰，更是离不开羽毛。在蒙特阿尔邦第三期的神殿群南边祭坛，雕刻着一排人面对着一个坐着的人的情景，可能是表示侍候国王或酋长的祭司。每个人的头饰和衣服虽然不完全一样，但是其高大的头饰上，都有着以漂亮的羽毛扎成的冠。这种羽式头冠在以后乃至今日的美洲印第安人服饰形象中，依然可以经常看到。（图10-29）

一位西班牙传教士萨哈根曾从印第安人那里获得了羽毛镶嵌工艺品的制作程序与方法。据说这种羽毛镶嵌工艺所需要的原料，要从无数珍禽羽毛中选样，力求其形状和色彩更便于制作。有的是用涂膏，将选好的羽毛层层粘在画师画好的底样上。如果是冠、伞、扇一类的立体饰品，就要先做好骨架，再用穿线或编织等手法将羽毛附上。16世纪当西班牙人入侵特诺奇蒂特兰时，阿兹特克皇帝就曾把一些贵重的羽毛饰物作为献给西班牙国王查理五世的礼品，有几件至今还收藏在奥地利维也纳民间艺术博物馆中。

另外，在蒙特阿尔邦第7号墓中还出土了

很多美洲虎骨和牛骨雕刻的装饰品。由此可以说，古老的墨西哥在服饰品，特别是饰品的创作上，有着悠久的历史和卓越的成就。在欧洲人登陆以前，它正以其美洲特有的服饰风格蓬勃地发展着。

2.古代玛雅地区服装

在墨西哥湾的东部和东南部，即包括现今墨西哥的坎佩切州、尤卡坦州、恰帕斯州、塔巴斯科州和金塔纳罗奥州，以及危地马拉、洪都拉斯的北部和圣萨尔瓦多，曾有着一段代表美洲古代文化最高水平的玛雅文化。千余年辉煌的玛雅文化，素有"美洲的希腊"之称。从公元前后开始，至7世纪和8世纪时达到盛期，他们在石器、金银器、染织工艺和陶器上都曾有过不寻常的文化成就。（图10-30）

图10-30　墨西哥玛雅人酋长像

能够为今日研究服装史提供形象资料的，是玛雅人以高度写实手法创作的壁画和陶塑人物。位于乌苏马辛塔河流域名叫波南巴克的神殿，内有三个密室。1946年，人们发现了从未见过的水平极为高超的玛雅人彩色壁画。第一个密室中壁画是表现贵族的仪仗，第二个密室中壁画是表现战争与凯旋，第三个密室中壁画则表现的是战争结束后的庆典场面。每一幅壁画都场面恢宏，人物众多，其中既有穿着皮革戎装和头饰羽毛的战士，也有盛气凌人的、戴着鹰鼻面具的首领。

他们的武器、服装、佩饰都清晰可见，仅颜色就有黑红、黄、绿、白、橙黄、浅蓝等，至今仍鲜艳夺目。

玛雅人讲究佩饰。据说当时有一个古代"圣地"，即水泉，每遇干旱或重要仪式，都要在这里献祭：或向水泉投入各种金器，或向水泉投入遍身佩戴金首饰的"牺牲"。从玛雅人的雕像作品来看，服装样式有对襟短袖袍和长裙装之类，款式比较单一。玛雅的平民都只系扎一条腰带，但是饰物却出奇的多和大。头饰大多相当于五六个头的体积，上面装饰异常丰富。从形状看，好像是排列整齐的高耸的羽毛。颈项间都是串珠项饰，串珠大而圆，有些还层层叠叠，其中最长的一串可达到腰部。无论男女，都戴着大大的耳环和数圈手镯组成的臂钏。（图10-31、图10-32）

除此以外，《向国王献贡的玛雅人》壁画表现了玛雅文化全盛时期的人物服饰。陶塑人像上项饰较大，但壁画上的人物项饰更大，不止一人在脖子上挂着大铜铃式的饰件。就玛雅人拥有黄金的实力来看，那些项饰极有可能是黄金做成的。除西班牙人掠走大量黄金以外，在美洲出土物中，还有数量相当可观的黄金制品，少见银制品，而铜制品则几乎没有，偶然可见的是金、铜的合金制品。

总之，在西班牙人登临美洲大陆以前，古代墨西哥地区、玛雅地区、安第斯山区（包括现今

图10-31　墨西哥玛雅人的硕大头冠

图10-32　以虎神为头饰的墨西哥雕像

南美洲秘鲁、厄瓜多尔、玻利维亚和智利的一部分）以及北美洲的易洛魁部落地区，都已形成了独自的文化传统。因此说，美洲原住民的服装文化绝不应被忽视，反而需要加大力度予以研究。

五、东南亚服装与外界沟通

1. 郑和下西洋的国际意义

东南亚服装得以与世界各国交流融合，进而呈现在世人面前，应该归功于中国明代郑和七下西洋。

明代永乐三年（1405）郑和奉明成祖朱棣之旨，率船队通使西洋。当年的西洋，主要是指今文莱以西的海域。郑和第一次通使西洋，即组织起一支27800余人的庞大船队，动用船只208艘，其中宝船62艘。而所谓"宝船"，一是谓其大，二是取其吉祥，其他船只为马船、坐船、战船、粮船和水船等。当时随郑和出使的巩珍曾在《西洋番国志》中写道："其所乘之宝舟，体势巍然，巨无与敌，篷帆锚舵，非二三百人莫能举动。"须知，这在当年既是国力强盛的表现，又具体显示着造船业的高度发达。

郑和船队第一次正式下西洋是在永乐三年六月，两年后返回。路线是从苏州刘家港（今江苏太仓东浏河镇）启航，先后到达占城（今越南南部）、爪哇（今印度尼西亚爪哇岛）、苏门答腊（今印尼属苏门答腊西北部的亚齐）、小葛兰（今印度南端西岸的奎隆）、柯枝和古里（今印度南端西岸的科钦与卡利卡特）。第二次下西洋是在永乐六年（1408）九月，奉旨出使占城、爪哇、暹罗（今泰国）、满刺加（今马来西亚的马六甲）、苏门答腊、柯枝、古里等。再从古里返回至锡兰山国（今斯里兰卡），然后回国。第四次下西洋时，已不满足于以古里为终点，而是继续向西北航行，到达波斯湾口的忽鲁谟斯（今伊朗南岸霍尔木兹海峡北的格什姆岛），后又绕行阿拉伯半岛，一路到达木骨都束（今索马里的摩

加迪沙），再航向麻林（今肯尼亚的马林迪）。在《明史·外国传》中记载有"溜山"条，"溜山"即今马尔代夫共和国。文中记载郑和曾到过比刺和孙刺，孙刺即为今东非索法拉。

郑和船队到达的终点为非洲，这就意味着"七下西洋"的国际意义远不止东南亚一带。而且，这些国家的使臣纷纷乘郑和宝船到中国来通使纳贡。在途中和在中国朝廷中，他们之间的交流本身即促进了各国之间的文化与经济交流。郑和这支庞大的船队，就像是一个缩小了的国际舞台。郑和是世界公认的伟大的航海家、军事家和外交家。他从明永乐三年（1405）到宣德八年（1433）28年间7次出使西洋，所到之国有四十余个，不仅开拓了亚非两洲之间的远洋航道，而且使各国的经济文化都得到交流发展。

2. 中国古人描述的东南亚服装

中国古人所写的关于东南亚的见闻，包括许多服装内容。那些书大多出自宋、元、明、清几代人之手，即使是近代人，也是真实地记录下所到之地人们的着装。就是说，眼见为实，这些文献相当有资料价值。

随郑和下西洋的人中，有两人留下了极其珍贵的书。一个是费信，他曾随郑和四次下西洋，归来后于1436年写成《星槎胜览》，共两集，前集记亲历的诸国风土习俗，后集系采辑所成。另一个人是马欢，他曾参加郑和的第四次、第六次、第七次航行，担任翻译。归国后追述出使所经各国的情况，从占城写到忽鲁谟斯国止。后又继续增补，并加入天方国（今沙特阿拉伯麦加），共记述了二十个国家。另外还有南京曾任福建路市舶司提举的赵汝适，他经泉州市舶司采访所得，于南宋宝庆元年（1225）著成《诸蕃志》，记载了东自日本、西至北非摩洛哥的各国风土特产和贸易情况。元代曾于元贞元年（1295）随元使赴真腊（今柬埔寨）访问，至大德元年（1297）回国的周达观，根据所闻所见，撰成

《真腊风土记》。明代的广东南海人黄衷，将海客所谈的内容写成《海语》，书成于嘉靖十五年（1536），多记述暹罗、满加拉（今孟加拉国）等南海的山川风土。清代末年有一宁波人龚柴，曾写下《朝鲜考略》《日本考略》《暹罗考略》《缅甸考略》，不仅记述了当地的风俗习惯和物产河流，同时还记载了中国和这些国家的关系。

更早些的有东晋僧人法显，他于东晋安帝隆安三年（399）和同学慧景、道整等从长安西行求法，渡流沙、越葱岭，游历了北、西、中、东天竺等地（注：古代有五天竺之说），后赴狮子国，然后从海路返回。他还到过印度尼西亚的爪哇岛，于义熙八年（412）到达青州长广郡牢山（今山东青岛市崂山），前后共14年，游历30多国。回国后写成《佛国记》，又名《法显传》，自记了30多个国家的山川风物。其后应该说还有唐代玄奘，只是其所著《大唐西域记》没有涉及东南亚，在这里暂且不说了。

虽然斗转星移，沧桑巨变，但是如今翻开这些书，还是依稀能感受到东南亚服饰文化特色与历史渊源。

越南，中国古人将其北部称为安南，中南部称为占城，到清代时已有越南之称了。南宋赵汝适曾在《诸蕃志·占城国》中写到其君王出宫的情景，这里牵涉到仪仗，也提到服饰。这在中国古人眼中，正属于"舆服"一类。书中说："王出入乘象，或乘软布兜，四人舁之；头戴金帽，身披璎珞。王每出朝，坐轮，使女三十人持剑盾或捧槟榔从。"金帽是可以想象到的，东南亚人酷爱金色，凡是认为贵重的、权威的、神圣的，都要饰以金，以示郑重和不可侵犯。"身披璎珞"也明显带有东南亚服饰风格，装饰满身是高贵与富有的象征。书中还说："国人好洁，日三、五浴。以脑麝合香涂体，又以诸香和焚熏衣。"这种习俗一是与天气炎热有关，二是也表明一种文化。以香涂体与以香熏衣，是从原始向文明迈进的装饰特征。

费信在《星槎胜览·占城国》中写道："其酋长头戴三山金花冠，身披锦花手巾，臂腿四腕，俱以金镯，足穿玳瑁履，腰束八宝方带，如妆塑金刚状。乘象，前后拥番兵五百余，或执锋刃短枪，或舞皮牌，捶善鼓，吹椰笛壳筒。其部领皆乘马出郊迎接。诏赏，下象，膝行，匍匐，感沐天恩，奉贡方物。"这里再写酋长或说君王的服饰，显然比以前具体了。这种打扮有些像中国佛教塑像中的四大金刚的样子。这种装束既有原始社会的装束味道，又有热带丛林的民族服饰特征。整体形象很有特色。

马欢在《瀛涯胜览》中也写到过占城这种仪仗以及君王服饰。书中说："国王系销俚人，崇信释教。头戴金钑三山玲珑花冠，如中国副净者戴者之样。身穿五色线细花番布长衣，下围色丝手巾。跣足，出入骑象，或乘小车，以二黄牛前拽而行。头目所戴之冠，用茭葶叶为之，亦如其王所戴之样，但以金彩妆饰，内分品级高低。所穿颜色衣衫，长不过膝，下围各色番布手巾。"销俚人，是对9世纪至13世纪印度南部东海岸朱罗王朝的称呼。有学者认为是对印度南部东海岸种族的通称，有学者则认为应该更宽泛，这里是指占城人。

从以上三人的记述可以想到，中国人将占城国王的装束与《三国演义》《水浒传》中的服饰描写联系起来了。副净是什么？"净"在戏剧中是花脸，京剧中净行有正净、副净、武净三类，副净即是架子花脸（简称架子花）和二花脸。如《失街亭》中的马谡、《群英会》中的黄盖、《连环套》里的窦尔敦、《嫁妹》里的钟馗等，都属于架子花范畴。由此我们会轻而易举地联想到占城国国王的服饰形象了。作者所说的"下围色丝手巾"或"下围各色番布手巾"等，应该不是手巾，而是东南亚人的干缦，也就是今日所说的纱笼，一种围裹式下装。

关于越南普通百姓的衣服，马欢曾写道："服色紫，其白衣惟王可穿，民下衣服并许玄黄、紫色，穿白衣者罪死。国人男子蓬头，妇人撮髻脑后，身体俱黑，上穿秃袖短衫，下围色布手巾，俱赤脚。""蓬头"即头发散乱的样子，"秃袖"则显然是无袖。无论跣足还是赤脚，都是对于占城人不穿鞋的描述。天热雨多，这是由自然条件而产生的服饰形象特色。清代四川遂宁人李仙根，顺治进士，曾在康熙年间出使安南，著有《安南杂记》《安南使事纪要》等书。李仙根在《安南杂记》中写道："都统莫氏惟高平一府四州，在北隅之东。俱无城郭。其人被发，以香蜡梳之，故不散。跣足，足无尘坏，以地皆净沙也。男女衣皆大领，无分别，无裙裤，女有无褶围裙。其王与官……时刻吃槟榔，惟睡梦时方停嚼耳。每用药物涂其齿，黑而有光，见人齿白者，反笑之。"作者在这里再次提到其人披散着头发，而且不穿鞋，脚并不脏。《韩非子·说林上》记载："鲁人身善织屦，妻善织缟，而欲徙于越。或谓之曰：'子必穷矣。'鲁人曰：'何也？'曰：'屦为履之也，而越人跣行；缟为冠之也，而越人被发。以子之所长，游于不用之国，欲使无穷，其可得乎？'"当然，这里所说的"越"应是中国江浙一带曾以勾践为王的越国，但是这种着装方式确实是天热多雨区域所常有的。韩非子在2300多年前即提到，越人光着脚走路，你会织鞋有何用？越人披散着头发，你会织用于制帽的面料有何意义呢？以你所擅长的本事到了不需要这门技术的地区，难道还会有什么发展吗？这段话不仅有哲理，而且为我们保留下早期披发跣足的服饰资料。至于以黑齿为美，这是越南人长期以来所崇尚的。他们认为白齿为犬齿，所以笑之。

《越南游记》是新加坡文人陈恭三所著，他于1888年搭乘法国火船公司的染那轮船游往越南，回来后记述了越南人的服饰："本处男女均留全发，上衣窄袖乌长衫，下衣窄管白裤。头缠色布，腰束色带。带之双头垂至膝，皆用广东荷包。百人之中，赤足者七八十人，西鞋者一二十人，华鞋者数人而已。"还有一位佚名作者，在《三洲游记》中写越南西贡服饰："土人多面黄而黑，类闽粤产。亦有身躯短矮者，仿佛侏儒。衣以黑色为尚，束以红布，缠粗布于首。男女俱不剃发，垂垂如漆，盘于颈中，齿牙亦染黑，以为美观。"这种戴帽者为官宦的做法，在我国很早的时候就已出现，五千多年前甘肃彩陶人物纹中，有一人戴帽，其他人均露首，就被考古界认为其中戴帽者为酋长，看来这种说法是有根据的。

柬埔寨，被中国古人称为真腊，元代周达观在《真腊风土记》中说该国人自称甘孛智。《明史·真腊传》讲，明万历（1573—1619）后改称柬埔寨。目前我们获知当年的真腊服饰资料，以周达观的最为可靠。他在《真腊风土记》中这样写道："自国主以下，男女皆椎髻袒裼，止以布围腰。出入则加以大布一条，缠于小布之上。布甚有等级。国王所打之布，有直金三四两者，极其华丽精美。其国中虽自织布，暹罗及占城皆有来者，往往以来自西洋者为上，以其精巧而细样故。惟国主可打纯花布。头戴金冠子，如金刚头上所戴者。或有时不戴冠，但以线穿香花，如茉莉之类，周匝于髻间。顶上戴大珍珠三斤许。手足及诸指上皆带金镯、指展，上皆嵌猫儿眼睛石。其下跣足，足下及手掌皆以红药染赤色，出则手持金剑。百姓间惟妇女可染手足掌，男子不敢也。大臣国戚可疎花布，惟官人可打两头花布，百姓间惟妇人可打之。"椎髻，即是将头发挽于头顶束成锥形的发式。这种发式在吴哥窟石刻浮雕中屡屡见到，一般在头顶上方偏后。文中提到的西洋布，实际上是指印度花布。印度棉布自中国元代时即已闻名亚洲。《马可·波罗游记》中曾称赞印度默试菲里国家出产的细棉布为世界最好、最美丽之布，16世纪后在欧洲赢得赞誉。

柬埔寨古代时的儒、僧、道服是各有特色的，这倒并不新鲜，在中国也能区别出和尚、道士，甚或白衣秀士，只是热带国家的装束与我们不同。周达观说："为儒者呼为班诘，为僧者呼为苎姑，为道者呼为八思惟。班诘不知其所祖，亦无所谓学舍讲习之处，亦难究其所读何书。但见其如常人打布之外，于项上挂白线一条。以此别其为儒耳。由班诘入仕者，则为高上之人。项上之线终身不去。苎姑削发穿黄，偏袒右肩，其下则系黄布裙，跣足。八思惟正如常人，打布之外，但于头上戴一红布或白布，如鞑靼娘子罟姑之状而略低。""班诘"是译音，意为婆罗门学者，即印度教中之学问精博者。这实际上不是我们儒家子弟，只不过周达观从有学问之人的概念推演开来，就好像我们认为如今的知识分子相当于古代的儒者一样。东南亚还是受印度影响大，因而孔夫子的思想远不及婆罗门对其影响大。所谓"打布"，在巩珍《西洋番国志》"爪哇条"中曾描述道："其手巾比世用者倍阔，名曰打布。男女皆从腰下臀上围起，至于面脐下掩闭，却以狭布巾一条系于打布上面，名为压腰。"就是东南亚热带国家日常的围裹式下装。项上挂白线，即婆罗门项带，这与中国的儒者不必等同而论。至于道者，其实是指印度教别派的苦行修道者，与我国土生土长的道教无关。这些人也有自己的服饰特色。当年真腊的丧事服装，远没有中国的服饰礼仪要求那么规范，也没有那么繁杂。周达观记述："父母死，别无服制，男子则尽髡其发，女子则于囟门剪发如钱以为孝。"看起来，虽有规矩，但是较为简单了。

泰国古称暹罗，在郑和下西洋的七次航行之时，暹罗与中国交往甚多。费信在《星槎胜览》中写道："男女椎髻，白布缠头，穿长衫，腰束青花手巾，其上下谋议，大小事悉决于妇。……

图10-33　泰国曼谷菩提寺包特门上珍珠母镶嵌人物服饰形象

妇人多为尼姑，道士能诵经持斋，服色略似中国。"

马欢记述："王者之扮，用白布缠头，上不穿衣，下围丝嵌手巾，迦以锦绮压腰。出入骑象或乘轿，一人执金柄伞，葵草叶做，甚好。"说到民众发式、衣服时，写道："男子撮髻用白布缠头，身穿长衫。妇人亦椎髻，穿长衫。"而且记述了东南亚的香料："其国产黄速香、罗褐速香、降真香、沉香、花梨木、白豆蔻、大风子、血竭、藤黄、苏木、花锡、象牙、翠毛等物。"罗褐速香也称罗斛香，是沉香的一种，古人多用来作熏香。翠毛则是翡翠鸟的羽毛，中国古代女性常用来作冠帽上的装饰。这种鸟的背毛都是翠茸，可织为毛缎并制作衣裳。（图10-33）

清代无锡人季麒光在《暹罗别记》中这样记述："王出入乘象，前导亦鸣金列戟，所戴如兜鍪而有锐向前，非玉非金，不知其何以为之也。所衣皆锦而赤脚跣足无靴履，此则番夷之俗矣。"这里专门提到冠帽的样子像中国的兜鍪，但是有一个尖，略向前，这种尖顶帽式在今日泰国的艺术中屡屡见到，已明显成为一种造型风格。至于赤脚习俗，看来当年王宫衣装也是这样，这倒也是别具特色的装束了。费信还曾记暹罗之西的彭坑风格，"男女椎髻系单裙，富家女子金圈四五饰于顶发，常人五色烧珠穿圈"。这些服饰形象上，显然原始的味道更浓郁些，民族服饰的感觉也强烈些。

缅甸，被龚柴称为"南藩大国也"。龚柴在《缅甸考略》中写道："男女蓄发甚长，皆绾髻，男子顶前，女子顶后。居恒露顶，无冠。尊者之冠，前高耸而后崭削。男女皆穿双耳，贯金银环以为饰。男子服长而窄，束以巾，长至丈有七八尺。女子上衣下裙，略短而较宽。"至于宗教人士，依然是"僧人黄衣髡首"。有一本作于清代的书，名为《缅藩新纪》，作者姓名已不详。书中描述："王出游乘象，象前导，卤簿从之。"可惜的是，未提仪仗人员穿什么衣服，只写"富者间饰以金，顶缀宝石璎珞"。

马来西亚有一个地方，名叫马六甲，也称麻六甲，公元15世纪至16世纪时是马来半岛一个强盛的王国。马欢记述满刺加国人的衣装时说："其王服用以细白番布缠头，身穿细花青布长衣，其样如袍。脚穿皮鞋，出入乘轿。国人男子方帕包头，女人撮髻脑后。身体微黑，下围白布手巾，上穿色布短衫。"这里记述的衣服，基本上就是东南亚人的典型着装，只是我们不知道，国王穿的皮鞋，是用什么皮子制成的，样式是不是也如同拖鞋？

新加坡在中国清代时期，尚属于暹罗管辖范围。李圭《环游地球新录》中说新加坡"土人色黑，喜食槟榔，故齿牙甚红。以花布缠首，衫而不裤。女……挽髻，额贴花钿，以铜环穿右鼻孔，两耳轮各穿五六孔，满嵌铜花，富者

或用金银，手腕足胫戴银钏，腰裹短幅，亦衫而不裤，赤足，奔走若男子，沿途嬉笑……"所谓衫而不裤，应是长衫遮身，或有裙但不着裤的意思。这段话的内容涉及饰件很多，很详细，使我们仿佛见到了那些玲珑装饰。张德彝在《航海述奇》中写道："土人房屋极陋，面色极黑，深目高鼻，妆饰服色不一，有剃秃者、缠首者，男子以蓝、白、红、黄四色涂面，有自额前画至准头一条，有涂在眉间者，人之贵贱，即以此分。耳坠双环，女子七孔，饰以白点，手十指戴环，足大指戴一金环，男女皆赤身光脚。腰围红白洋布一条，一头搭于肩上。"这里讲述的装饰比前述更具有原始性。同是清代的《柔佛略述》也提到山里人的衣装，佚名作者在书中说："彼境原有土民，皆深居内山，敛迹不出，新山市中之土民，则皆由新加坡或他处迁往，颇自矜异，而呼原有地主为山人焉。山人深藏于幽谷之中，居无定所，衣无布帛，食无谷粱，其所资以为生者，独异乎众，有上古巢居穴处之风。有时就树为屋，猱升栖止；有时依山为穴，洞处如仙。其人不分男女，皆科头赤足，缚蕉叶树皮之类于腰腹下，即蔽体装也。"科头，即是不戴帽子的意思，也有散发之说。"缚蕉叶树皮之类于腰腹下"，这就是原始人服饰了。（图10-34至图10-36）

印度尼西亚的苏门答腊岛，曾有一个兴起于公元7世纪的古国，叫作室利佛逝国，中国宋代以后称其为三佛齐。室利佛逝国都域在《岛夷志略》《瀛涯胜览》《星槎胜览》等书中被称为旧港（应起始于14世纪），《海岛逸志》等书中译作巨港。赵汝适在《诸蕃志》卷上写："国王出入乘船，身缠缦布，盖以绢伞，卫以金镖。……国中文字用梵书，以其三指环为印。……浴以蔷薇露……有百宝金冠，重甚；每大朝会，惟王能冠之，他人莫胜也。传禅则集诸子以冠授之，能胜之者则嗣。"书中写国王也身缠缦布，这已没什么新鲜，

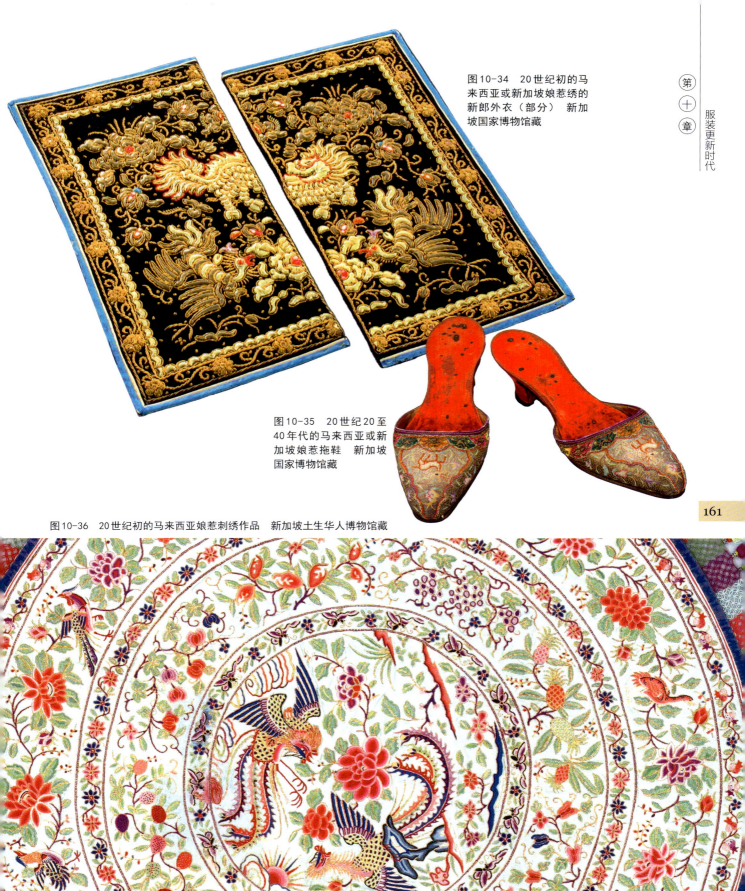

图 10-34　20 世纪初的马来西亚或新加坡娘惹绣的新郎外衣（部分）　新加坡国家博物馆藏

图 10-35　20 世纪 20 至 40 年代的马来西亚或新加坡娘惹拖鞋　新加坡国家博物馆藏

图 10-36　20 世纪初的马来西亚娘惹刺绣作品　新加坡土生华人博物馆藏

但"以其王指环为印"则有些古罗马味道的。在布兰奇·佩尼著《世界服装史》中就曾说道："早先是用金属或石头雕琢成圆环，专用来签发公文信函时作印章使的，平时就戴在男人手上。最初用铁，后改用金，再镶上一块刻有徽章的玛瑙、玉髓或红、蓝宝石。罗马执政官和骑马传令官除这枚之外，还有权戴另一枚金环。"1996 年被任命为加拿大驻中国大使的霍华德·贝祥曾讲起，他祖父 1878 年至 1902 年在中国做茶叶生意，当时交易用的印章就是个戒指，戒面上刻有一个帆船。（图10-37）

费信在《星槎胜览》中还提到一个"花面国"，说："其国与苏门答剌邻境，傍南巫里洋，逶迤山地，田足稻禾。气候不常。风俗淳厚，男子皆以墨刺面为花兽之状，猱头裸体，单布围腰，妇女围色布，披手巾，椎髻脑后。"所谓猱头，指好似猿猴的头，即不梳发髻的意思。费信还说了一个叫作"麻逸冻"的地方，说："其处在交栏山之西南海中，山峻地平，夹溪聚村落而居。气候稍热，男女椎髻，穿长衫，围色布。俗尚节义，妇丧夫则削发劙面，绝食七日。夫死同寝，多有并逝者。"劙音"li"，劙面是以刀划面让其血流下来，以此表示哀痛。

印度尼西亚的爪哇岛，古名为"阇婆"，因为郑和下西洋曾数次前往爪哇，所以中国古籍中关于爪哇人着装的记述较多。其中如马欢的《瀛涯胜览》中写到当地服饰时说："国王之扮，蓬头或戴金叶花冠，身无衣袍，下围丝嵌手巾一二条，再以锦绮或纻丝缠之于腰，名压腰。插一、两把短刀在腰，名不剌头。赤脚，出入坐牛车或骑象。"马欢说到爪哇百姓时说民性勇悍，"男子髻头，女子椎髻，上穿衣，下围手巾。男子腰插不剌头一把，三岁小儿至百岁老人皆有此刀，皆是兔毫雪花上等镔铁为之。其柄用金或犀角、象牙，雕刻人形鬼面之状，制极细巧。国人男女皆惜其头，若人以手触摸其头，或买卖之际钱物不明，或酒醉颠狂，言语争竞，便拔此刀刺之，强者为胜。若戮死人，其人逃避三日而出，则不偿命。""不剌头"是当地匕首的名字，印尼语、马来语的音译，一说是短砍刀的一种，一说是弯形匕首。（图10-38）

阿拉伯语也将此名称呼小刀，不过刀是直的。这种以刀为服装随件的着装习俗在剽悍的民族中常见，中国的阿昌族男子都佩"阿昌刀"，藏族男人都佩"藏刀"，久而久之，竟形成一种固定的服饰形象，假如没有这把匕首或刀剑，就没有其服饰特色了。至于镔铁，是一种钢，面上呈现螺旋纹，也有呈芝麻雪花纹的，价值相当高。马欢还专门提到爪哇婚丧礼仪中的服饰民俗："其婚姻之礼，则男子先至女家，成亲三日后迎其妇。男家则打铜鼓铜锣，吹椰壳筒，及打

图10-37　印度尼西亚北苏门答腊岛上层妇女装束

图10-38　爪哇王室女性成员肖像照

竹筒鼓并放火铳。前后短刀圆牌围绕，其妇披发裸体跣足，围系丝嵌手巾，项佩金珠联纫之饰，腕带金银宝妆之镯。亲邻朋友以槟榔荖叶线纫花草之类，妆饰彩船而伴送之，以为贺喜之礼。"如遇丧事，"至死后出殡之日，木搭高棰，下垛柴棺，纵火焚棺，候焰盛之际，其原誓婢妾二三人，则满头带草花，身披五色花手巾，登跳号哭良久，撺下火内，同主尸焚化，此为殡葬之礼"。关于这种丧服，费信在《星槎胜览》中也提道："临殡之日，妻妾奴婢皆满头簪草花，披五色手巾，随尸至海边或野地，舁尸于沙地，俾众犬食。食尽为好；食不尽，则悲歌泣号。"这种丧俗虽说残酷，但是也够惨烈的，我们如今看这"满头草花，披五色手巾"所描述的女性，就如同在看电视剧。这就是一个时代或者一个地区真实的生活。（图10-39至图10-42）

爪哇岛还曾被称为瓜亚，清代福建人王大海曾在乾隆年间环游南海诸岛，约于乾隆五十六年（1791）写成《海岛逸志》。作者在书中写道："女子脚不缠，面不脂粉，首不簪花，衣不带领，裙而

图10-39　印度尼西亚爪哇中南部日惹地区的新郎与新娘装束

不袴。男子则衣有领，鬌簪花，有裤，可谓颠倒矣。"这样的情景或着装习惯，在太平洋岛屿上比较常见，很多热带岛屿上的男子都喜欢簪花，有的在耳上插一朵，有的将鲜花扎成头饰，满满插戴一头。鲜花为饰不一定就是妩媚，黝黑的皮肤，宽阔的肩膀，赤裸的肌肉，健壮的四肢，再加上满头鲜花灿烂，绝不会娇艳，而是十足的粗犷和剽悍，甚至是野性十足。王大海还写过南海的番戏，说"番妇之颇有色者，带虬发，缠锦幔，插金花，摇纸，裸衣赤脚，歌番歌，舞番舞，摇头闪目，鹤立鹭行，演唱杂剧……又有花英者，类影戏，俗呼皮猴。所演唱皆其瓜亚土古故事"。这种舞蹈、杂剧及皮影，已作为东南亚民族剧目被保留下米，服饰形象也因此幸存。

菲律宾群岛内曾有古国苏禄，清代江苏人叶羌镛在《苏禄纪略》中写当地人："男女俱无衣服，惟披搭绒一片遮其身。……物产则燕窝、海参、珍珠、珊瑚树、冰片、红木、乌木等，亦产竹布，居民织以为业。"清代福建人陈伦炯曾于康熙年间任苏松水师总兵和浙江提督，因为从小随父出海，所以曾写成《海国闻见录》。作者在书中专列有"东南洋记"条，其中写"苏禄、吉里问、文莱、朱葛礁喇，总名皆为无来由绕阿"，其人"以采色布帛戉幅衣身"。当地"产钢钻、胡椒、檀香、降香、科藤、豆蔻、冰片、铅、锡、燕窝、翠羽、海参等类。铅有五色，金、黑、红者为贵，置之暮夜密室，光能透彻；投之烂泥污土中，上幔青布，其光透出。各番以为首宝；大如棋子，价值十万余两"。看来当地产的钻石真是很诱人的。

关于当年东南亚的服装，在中国正史中也有很多记载，但是资料归资料，这里所看重的更多是所见所闻，这样能多一些真实感和体验感。（图10-43、图10-44）

图10-40　19世纪末的纱笼面料

图10-41　19世纪末至20世纪初东南亚一带带刺绣边的"可巴雅"　荷兰国立世界文化博物馆藏

图10-42　19世纪末20世纪初的印度尼西亚娘惹金线绣品　曾于新加坡国家文物局展出

图10-43　20世纪50年代东南亚地区"可巴雅"和长衣　曾于新加坡国家文物局展出

图10-44　20世纪50年代东南亚地区"可巴雅"和纱笼　曾于新加坡国家文物局展出

第十一章
服装风格化时代

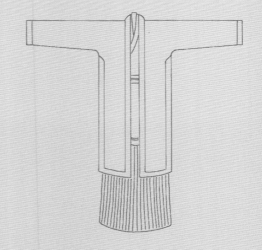

风格之于人，之于艺术，之于地区和时代，几乎无所不在。风格化显示出一种主流，一种定势，一种基调和普遍性。

在17世纪和18世纪中，西方艺术各门类都是以风格来概括的。它体现出人类文化的自觉性愈益加强的趋势，而且其自觉的行为已经呈现出成熟的态势，这是与人类文化的进程紧密相连的。

西方巴洛克风格就是人在特定历史时期中有意创造的，我们可以从形式上将其看作是文艺复兴的支流与变形，但其出发点又与人文主义截然不同。它是由罗马教廷中的耶稣教会发起的，其目的是要在教堂中制造神秘及崇高华美的氛围。虽然说这种风格的建立也顺应了历史的发展，但是就其艺术性来讲，仍然犹如成年人在按照主观意志去绘一幅图画一样。所以，17世纪盛行的巴洛克风格和18世纪盛行的洛可可风格，尽管也是源起于建筑，但不同于哥特式风格形成初期懵懂的探索。

与西方不同，中国自公元1644年进入清王朝统治时期，直至1911年结束。在这期间如果用丰富多样来形容西方的服装，那赋予清代服装的内涵就是稳定统一，并且这种风格的确定不是基于汉族服装，而是满族入关后强制推行的游牧民族服饰。这是中国服装演变中变化较大的一个时期，亦即满族服饰风格时期。中国服装演变在长期融合中表现出一种杂糅性。

从服装角度分析，无论是欧洲的巴洛克风格、洛可可风格，还是同一时期东亚大陆上清代服饰的一统性与杂糅性，特别是清王朝与欧洲洛可可艺术互为影响的史实，都可将其看作是中外服装史中的过渡阶段。服装演变经过了这一阶段，才迎来完善化时代。

一、欧洲服装中的巴洛克风格

所谓巴洛克风格，是从建筑上形成，进而影响到绘画、音乐、雕塑以及环境美术的。因此，作为艺术中的一个品类——服装来说，不可能处在同一时期中却排斥这一时代的艺术风格。只是，在巴洛克风格的总体范畴中，服装仅是一个方面。况且服装也有自身发展的规律，这就说明了风格形成过程中的复杂性，以及服装风格化中时代背景的重要作用。

1.男服中的巴洛克风格

17世纪的男服是华丽的，将它与巴洛克风格相提并论，是再恰当不过的了。与上一个世纪相比，男服不仅有了明显的变化，而且在整个世纪当中，其向新颖形式的演变一刻没有停息过。

17世纪初期的男服还保留了16世纪末的南瓜裤等服式，但是进入17世纪第二个10年的时候，男服开始讲求更多的装饰了。如1616年绘画作品中有一个名叫理查德·塞克维尔的男人，他穿着艳蓝色的长筒袜，袜跟两侧绣有精美的花纹。鞋子做工精巧，鞋面上有玫瑰状饰物，代替了或是遮住了鞋带打成的结。

与此同时，在丹麦人所崇敬的克里斯钦四世的一幅肖像画中，可以看到他衣服上装饰了有规则的图案。紧身上衣下摆部分仍然很窄，装饰着垂边，前襟上的纽扣很密；非常宽松的灯笼裤，极像布鲁姆女式灯笼裤的造型。

在17世纪的前30年中，男士们特别重视衣服上的装饰品。裤子两侧、紧身上衣边缘及袖口处饰有一排排的穗带或几十颗纽扣。领子及袖口的花边比以前更宽、更精致。靴口向外展开着，长筒袜起着很重要的装饰作用。

法国的男服极鲜明，衣服上通常有大量的针织饰边及纽扣，下垂镶边很宽，领上饰有花边。袖子上的开缝里露出衬衣，袖口处镶有花边，这种袖口被称为骑士袖口。膝盖下面的吊袜带与腰带一样宽，并打成大蝴蝶结。方头矮帮鞋上带有毛茸茸的玫瑰形饰物，靴子上带有刺马针，固定在四叶形刺马针套圈上。男士们已经有了晚上穿用的拖鞋，头发比以前留得更长，并烫有松散的发边，耳边头发用丝带扎起。紧身上衣的后襟中部、袖子以及前襟上开有衣衩。宽边帽子饰有羽毛，帽檐一边卷起，或两边都卷起，有时还佩着绶带、短剑及披着带袖斗篷。

17世纪的男裤看上去像长短不一的褶裙，短的到膝盖以上，长的到小腿肚，上面布满了绶带装饰。维多利亚与艾尔伯特博物馆收藏的一件公元1600年的服装，上面用了大量的绶带，其颜色、宽度和织法各式各样，但每处绶带都很精美，如腰围与裤管外侧带有密集的绶带环。整套衣服的面料是深米色丝绸，上有乳白色花纹。绶带有些是白色的；有些是米色的，中间带有粉红色或黑色线条；有些是淡紫色的，带有米色图案；有些是灰黄、淡绿色的；有些是淡蓝色的；还有些是灰橙色的。从这里，不难看出巴洛克风格的服装装饰方式与质料都与前代有明显区别，即以绶带打成的蝴蝶结、玫瑰花结和纽扣、花边等取代了五颜六色的宝石。由此，使威尼斯花边名扬天下。

有一幅画于19世纪的描绘凡尔赛宫廷贵族豪华服装的版画，其描绘了号称"太阳王"的法国国王路易十四时代的男子典型装束：头戴高大的插

图11-1　作于19世纪描绘路易十四时代男女典型着装的版画

满羽毛装饰的帽子，帽檐下披散着卷曲浓密的假发，全身的绶带、皱褶、蝴蝶结繁不胜数，脚上还穿着一双高跟鞋。假如没有手杖和宝剑的话，几乎难以辨认出是个男性。美国一位服装心理学家在总结这一时期男装风格时说："男子穿紧身衣、戴耳环、花边皱领，用金刚钻装饰的鞋、扣型装饰品和羽毛帽，他们举止的女人腔是服装的女人腔直接派生出来的……化妆品、香水、花边、首饰、卷发器和奢侈的刺绣，所有这一切成了当时男性最时髦的装饰。"（图11-1）

2. 女服中的巴洛克风格

17世纪的女服，也像男服那样盛行绶带和花边。但是，与男子不同的是她们并没有以绶带取替珠宝。相反，当时最时髦的佩饰品和衣服上的装饰，仍以珍珠为最。而且，初期女子不尚戴帽时，高高的发饰上仍然戴着宝石。

女裙的最大变化是，以往撑箍裙都需要撑箍和套环等固定物，而这时有些妇女已经去除过多的硬质物的支撑，这是百年来第一

次将布料从腰部自然下垂到边缘。在从肥大形向正常形过渡中，妇女们常把外裙拽起，偶尔系牢于臀部周围，这样其实比以前显得更加肥大。由于故意把衬裙露在了外面，因此又给下裳的艺术效果增添了情趣与色彩。这些衬裙都是用锦缎或其他丝织品做成的，上面衬有各种不同的颜色，有的还镶着金边。这种风尚的流行，使得女性们将精力投入到衬裙上，以衬裙的各种质料或颜色来显示自己不落俗套。（图11-2）

尽管这样，裙子的外形还是相当大的，有很多裙形开始向两侧延伸。西班牙著名画家委拉斯开兹为王后和公主们画像时，描绘了这一时期典型的西班牙式裙装。年少的凡塔·玛格丽特公主的长袍是用淡珊瑚色的绸缎和闪闪发光的银制品做成的，她的发式显得格外庄重。宽大的椭圆形罩袍几乎平放在裙子上，华丽的皱褶由于镶着一圈深色的银边而显得特别突出。她用布片拼做的

图11-2　17世纪贵族女性的冬季常服

衣袖还是16世纪的式样，但衣袖上翻在外面的皱褶则是最新式样。这套服装不仅代表了17世纪服装中的巴洛克风格，同时还带有强烈的宫廷服装特色。

这一时期妇女对佩饰品和服装随件的兴趣和男子不相上下。首先是头饰，其次是领口显露出来的项链，凡没有穿轮状大皱领的妇女，颈间没有不戴项链的。手套也格外讲究，而且无论男女都把手套戴在手上或拿在手里。现今可以在几个大博物馆里看到的手套，一般都在深色的手腕部位绣有花纹，还有的在边缘处镶带或是缀上装饰品。（图11-3）

不戴手套的时候，大多是用一个舒适温暖的皮筒。这种皮筒和皮毛围巾一起戴，不分男女。另外，上层社会曾流行无论冬夏，时髦的人都带着扇子。折叠扇开始流行起来，但是并未能一下子取代羽毛扇。除此以外，妇女们的腰间还要挂着一个镜盒、一个香盒和其他化妆品。当然，珍珠耳环、手镯等仍是最令人喜爱的饰品。在巴洛克艺术风格盛行时期，服装形象上的大胆创新和奢华都被认为是正常的。

二、欧洲服装中的洛可可风格

所谓洛可可风格，是指18世纪欧洲范围内流行的一种艺术风格，它是法文"岩石"和"贝壳"构成的复合词（Rocalleur），意即这种风格是以岩石和蚌壳装饰为其特色；也有翻译为"人工岩窟"或"贝壳"的，用来解释洛可可艺术善用卷曲的线条，或者解释为受到中国园林和工艺美术的影响而产生的一种风格，它对中国特别是清代服装的影响巨大。

与17世纪巴洛克风格对服装的影响一样，洛可可风格同样反映在18世纪的服装上。与前者不同的是，洛可可风格横贯东西，比巴洛克风格有着更大的文化涵盖面，因而其在服装风格化时代中，占有更加重要的位置。

图11-3　17世纪末欧洲宫廷男女装

由于这种艺术风格在各艺术门类中的普遍存在，自然也使18世纪的服装表现出空前的新局面。

东方的中国服装面料、款式、纹样曾给西方服装界带进一股清风，影响范围和传播速度相当惊人。1700年中国工艺美术品商在巴黎举办的一次商品展览会上，法国贵族、富豪对中国服装趋之若鹜。法国1685年派到中国的传教士（耶稣会士）白晋，在其1697年出版的《中国现状》一书中介绍中国服装并大加赞扬，使皇室贵族以穿中国服装为荣。史载1667年某一盛典中，路易十四着全身中国装束，使全体出席者为之一惊。1699年布尔哥格公爵夫人召请当时返法的传教士李明（1687年来华，1692年返法），他身穿中国服装参加舞会，博得了在场观众热烈的喝彩。蓬巴杜夫人也曾穿用饰有中国花鸟的绸裙。法国宫廷还在18世纪的第一个元旦，举行中国式的庆祝盛典，一时中国趣味不仅吸引了上层社会，而且也影响了整个法国社交界。如开办中国式旅店，里面的服务人员着中国服装，游乐场所点中国花灯，放中国烟花，演中国皮影戏，并设中国秋千等，招待人员以中国服装作为主要装束。看起来，17世纪末叶至18世纪，中国以及东南亚的服装风格强烈冲击着西欧，确是掀起一股"中国热""东方热"。（图11-4至图11-8）西欧著名的拜布林花毡被中国刺绣取而代之。西方人士的服装倾向，越来越追求质地柔软和花纹图案小巧，而且布料的色彩呈现出明快淡雅和浓重柔和并进的趋势。尽管一些欧洲国家屡次禁止印花棉布和丝绸进口，以保护本国纺织工业的发展，但由此导致的原料稀少更助长了人们穿着的欲望，因此以印花棉布和丝绸做成的长袍短衫一时成为最时髦的服装。这些虽然不是构成西方服装上洛可可风格的唯一因素，却是极重要的原因。

当时，不少具有洛可可艺术风格的画家也加

中外服装史

图11-4　美国各类"中国风"纺织品　库珀·休伊特　史密森尼设计博物馆藏

图11-5 法国18世纪早期有中国花鸟、人物、假山、龙等纹样的帷幔（局部）
美国大都会艺术博物馆藏

图11-6 18世纪"中国风"（真丝塔夫绸面）女士绣花鞋
美国洛杉矶县立艺术博物馆藏

图 11-7 有"中国风"纹样的法式长裙 1
美国大都会艺术博物馆藏

图 11-8 有"中国风"纹样的法式长裙 2
美国大都会艺术博物馆藏

入服装设计的行列之中。他们一方面将所流行的服装再加以理想化的描绘，在画布上表现出来；另一方面又迎合人们的审美倾向大胆创作一些从未有过的色彩和田园诗般的款式。可以说，在洛可可风格服装的流行过程中，画家起到了推波助澜的作用。（图11-9至图11-11）

1.男服中的洛可可风格

18世纪初期，随着路易十四逐渐年迈，社会变化的速度也日趋缓慢。男服的发展在相当长的一段时间里，几乎处于停滞状态。尽管这样，服装还是悄悄地从巴洛克那种富丽豪华的风格向洛可可的轻便和纤巧转变。

这时，法国男服已经以没有过多装饰的宽大硬领巾取代了领结，也减去了衬衫前襟皱褶突起的花圈儿。尤其是假发，虽然样式越来越多，人们也可以根据职业和场合的不同而随时更换，但是早先那种披肩假发显然已经过时，只有宫廷、社会学者和年长而保守的绅士们还在沿用，因为它确实能够体现出一种威严的气派，可是日常戴用毕竟负担太重了，也不方便。于是，人们开始

时兴将两侧头发梳到脑后，以各种方式将其固定下来。如用一条黑色发带将头发拢在一起；或是用一个四角黑色袋，将头发包起来，再在顶部装饰一个蝴蝶结；或是将发辫包裹于螺旋形黑色缎带套之中。

进入18世纪50年代以后，持续了几十年的服装流行款式开始出现变化，最突出的一点变化是服装的造型趋于纤巧。原来那宽大的袖口已经变得较窄而且紧扣着。为了与其他衣服相配，上面常有刺绣，同时饰以穗边。外衣下摆缩小了许多，皱褶不见了，并在腰围以下裁掉了前襟饰边。到了18世纪80年代，后摆的皱褶已完全消失了，边缝稍向后移。

由于裤子外露较多，人们开始注意它的尺寸大小和合身程度。大腿以下部分显得平整合体，膝盖以上的缝孔用一排纽扣扣紧。膝带也同样用扣紧锁。这时候，衣服上仍布满了刺绣和穗带，而且袖口、口袋盖和外衣前襟上，也常用毛皮作为装饰。

足服显得一丝不苟。有些是用银丝精制而

图11-9　洛可可风格绘画作品《秘密信息》
　　法，弗朗索瓦·布歇。
　　1767年，安东·乌尔里希公爵博物馆藏。

图11-10　洛可可风格绘画作品《情书》
　　法，让·奥诺雷·弗拉戈纳尔。
　　约1770年，纽约大都会艺术博物馆藏。

成，有些还镶以人造宝石。当然，真正达官贵人的鞋子上镶的是珍贵的天然宝石。

18世纪后期，男服中的外衣越来越紧瘦，致使赶时髦的年轻人，穿着瘦袖紧腰身的衣服，前襟看起来不可能合拢，那密密的纽扣不过是装饰品罢了。在此以后，男子服装的整体形象逐渐摆脱了17世纪末和18世纪初的脂粉气而开始趋于严肃、挺拔、优美，同时富有力度的男服将男人塑造得男子汉味道十足。

燕尾服是由前襟短、后身长，并且很难系上纽扣的服装式样演变来的。从这一时期画像上表现的着装形象来看，外衣紧瘦的样式非常时髦，并已经形成一种潮流。燕尾服不是通襟敞开着，露出里面的绣花背心，就是上面系扣，而腰腹以下的衣身敞开着，整件外衣有向后延伸的倾向。

当时表现绅士的肖像画很多，而且由于画家有着高超的写实技巧和严肃的忠于现实的精神，所以使读画的人可以清楚地看到画像上衣服的裁剪、缝合等纹路的走向。同时能够看到上衣胸部上方部位向外凸起，并呈流线型；而燕尾部位的线条突然向后倾斜，并渐渐变得很窄。马裤紧贴下肢，由于它多为皮革制作，所以不必担心会因下肢活动而撑裂。

除此之外，双排扣、大宽翻领、领带的蝴蝶结位于衬衣褶边上方，或是没有褶边的衬衣以及马裤一直伸到靴筒内的穿着方法，是18世纪末期的服装风格。特别是经过法国大革命运动以后，那些"非马裤阶层"——贫民阶层的劳动者的肥大长裤开始流行。至此，男服在18世纪走过了一个由女性化风格回归到男性化风格的全过程。

2.女服中的洛可可风格

女服风格的形成与发展，远比男服风格要迅速而多变。洛可可风格的女服主要是由宫廷贵妇率先穿起的，但是她们已经不满足于那种纤巧与富丽，对宫廷生活的世俗传统已感到厌倦，于是

将兴趣转向了东方的景物纹样和吉祥文字，想通过精致秀丽之风表达出自己对大自然的渴望。这种对服装的趋新趋异思潮，自然又使洛可可风格在服装上的体现，呈现出一种多元化的倾向。当年路易十五宠爱的蓬巴杜夫人，曾担任法国宫廷中最大沙龙的女主人。在这里，主人的一切布置，都是社会生活的一种直接反映，是社会思潮的一种折射。而沙龙主人的审美情趣，又势必影响了社交圈诸如着装等在内的审美标准。法国大革命前，宫廷服装潮流引导贵族服装趋向，进而诱发社会服装流行的现象非常明显。这是帝制社会的一种最常见的服装流行规律，而在法国这个自帝王就崇尚奢华挥霍、极力追求服装新潮的国家，也就表现得更为明显。

这里我们绝不能忽视蓬巴杜夫人对18世纪服装风格的影响。蓬巴杜夫人是个有教养并有着很高审美情趣的女性，最后成为国王路易十五的私人秘书。她的服装每每要精心设计和挑选，以

图11-11 洛可可风格绘画作品《蓬巴杜夫人像》1
法，拉图尔。
法国卢浮宫博物馆藏。

图11-12　洛可可风格绘画作品《蓬巴杜夫人像》2
法，拉图尔。
法国卢浮宫博物馆藏。

求气质高雅。她所穿的丝质长袍，由于质量上乘而异常宽松柔软。宽大的皱褶、纤细的腰身和肥硕的裙裾，每一处都经过制作者的精缀细缝，色彩的舒适明快，图案的精巧玲珑，卷曲的内衬和无尽的繁复细节相得益彰，使洛可可风格的服装艺术得到了最完美的体现。

　　虽然蓬巴杜夫人并没有倡导什么服装风格，可是她讲究的服装形象无疑成为贵族乃至全社会妇女效仿的楷模。因此，人们在评论蓬巴杜夫人在服装史中的位置时，总会说她影响了18世纪中叶的服装风格。就连穿戴服饰如何适应不同场合这一类服装礼仪行为，也深深地影响了整个法国。她曾梳过的发式和穿过的印花平纹绸以及她亲自设计的一种宫内服装，甚至她喜欢的扇子花色、化妆品和丝带等，都被人们以她的名字来命名。她率先穿用的宽低领口在女服款式中经久不衰。总之，蓬巴杜夫人服装中典型的洛可可风格是那一个时代的必然产物。（图11-12至图11-14）

　　纵观洛可可风格的服装，可以发现这种风格

不是孤立存在的。它不仅与那个时代的社会文化相关，同时还得到了世界各国文化的滋润。女王身上的金丝绣花锦缎、贵妇身上高雅别致的平纹绸和闪闪发光的缎料是洛可可风格服装形成的必备条件。（图11-15、图11-16）

洛可可风格的服装纹样题材广泛，人物、动物、亭台楼阁、几何图案一应俱全，尤其引人注目的是中国的宝塔、龙凤、八宝和落花流水等纹样被广泛采用。当然，在西方人衣服上反复出现的已经是西化的中国纹样了。

18世纪后期，人们愈益追求柔软、轻薄而结实的织物，因此英、法两国都增加了印度花布的进口量。18世纪末，印度头巾以绝对优势取代了希腊服装影响的流风遗韵。由此，各国服装发展面临着一个新时代的挑战。

图11-13　洛可可风格绘画作品《蓬巴杜夫人像》3
法，弗朗索瓦·布歇。
1756年，慕尼黑老绘画陈列馆藏。

图11-14　洛可可风格绘画作品《蓬巴杜夫人像》4
法，弗朗索瓦·布歇。
1758年，维多利亚与艾尔伯特博物馆藏。

图11-15　洛可可风格裙子向两旁扩展的款式

图11-16　1775年的紧身胸衣和1760年的帕尼埃（女性裙撑）

三、中国清代男女服装

1.男子官服与民服

清代在服装制度上坚守本民族旧制，不愿意轻易改变原有的服式。清太宗皇太极曾说："若废骑射，宽衣大袖，待他人割肉而后食，与尚左手之人何以异耶！朕发此言，实为子孙万世之计也，在朕身岂有变更之理？恐日后子孙忘旧制，废骑射，以效汉俗，故常切此虑耳。"由于满汉长期混居，自然互为影响。到了乾隆年间，有人又提出改为汉服，乾隆在翔凤楼集诸王及属下训诫曰："朕每攻读圣谟，不胜钦凛感慕……我朝满洲先正之遗风，自当永远遵循……"后又谕"衣冠必不可以轻易改易"。由于满族统治者执意不改其服，并以强制手段推行满服于全国，致使近三百年中男子服装基本以满服为模式。

清代男子以袍、褂、袄、衫、裤为主，一律改宽衣大袖而为窄袖筒身。衣襟以纽扣系结，代替了汉族惯用的绸带。领口变化较多，但无领

子，再另加领衣。在完全满化的服装上沿用了明代的补子。只是由于满装对襟，所以前襟补子为两块对开。清代补子图案与明代补子图案略有差异。（图11-17至图11-21）

袍、袄因游牧民族惯骑马，因此多开衩，后有规定皇族用四衩，平民不开衩。其中开衩大袍，也叫"箭衣"，袖口有突出于外的"箭袖"，因形似马蹄，被俗称为"马蹄袖"。其形源于北方恶劣天气中避寒而用，不影响狩猎射箭，不太冷时还可卷起，便于行动。进关后，袖口放下是行礼前的必须动作，行礼后再卷起。清代官服中，龙袍只限于皇帝，一般官员以蟒袍为贵。蟒袍又谓"花衣"，是官员及其命妇套在外褂之内的专用服装，并以蟒数及蟒之爪数区分等级。

民间习惯将五爪龙形称为龙，四爪龙形称为蟒，实际上大体形同，只在头部、鬣尾、火焰等处略有差异。袍服除蟒数以外，还有颜色禁例，如皇太子用杏黄色，皇子用金黄色，而下属

各王等官职不经赏赐是绝不能服黄的。袍服中还有一种"缺襟袍"，前襟下摆分开，右边裁下一块，比左面略短一尺，便于乘骑，因而谓之"行装"。不乘骑时将裁下来的前裾与衣服之间用纽扣系上。

补服，形如袍略短，对襟，袖端平，是清代官服中最重要的一种，穿用场合很多。补子图案根据《大清会典图》规定如表11-1。

图11-17 穿箭衣、补服，佩披领，挂朝珠，戴暖帽，蹬朝靴的官员
　　摹清人《关天培写真像》。

表11-1　清代补子图案

品级	文官补子绣饰	武官补子绣饰
一品	仙鹤	麒麟
二品	锦鸡	狮
三品	孔雀	豹
四品	云雁	虎
五品	白鹇	熊
六品	鸳鸯	彪
七品	鸂鶒	彪
八品	鹌鹑	犀牛
九品	练雀	海马

按察使、督御使等依然沿用獬豸补子，其他诸官有彩云捧日、葵花、黄鹂等图案的补子。（图11-22、图11-23）

图11-18　清代青缎刺绣喜相逢、双蝶纹八团补子　故宫博物院藏

图11-19　清代青缎刺绣喜相逢、双凤纹八团补子　故宫博物院藏

图11-20　织金团花事事如意纹缎面绵马褂
　　以柿子和如意组成的事事如意纹是清人喜爱的吉祥图案，图案团为圆形，吉祥寓意更明显。

图11-21　清代红缎刺绣喜相逢九团女夹袍　首都博物馆藏

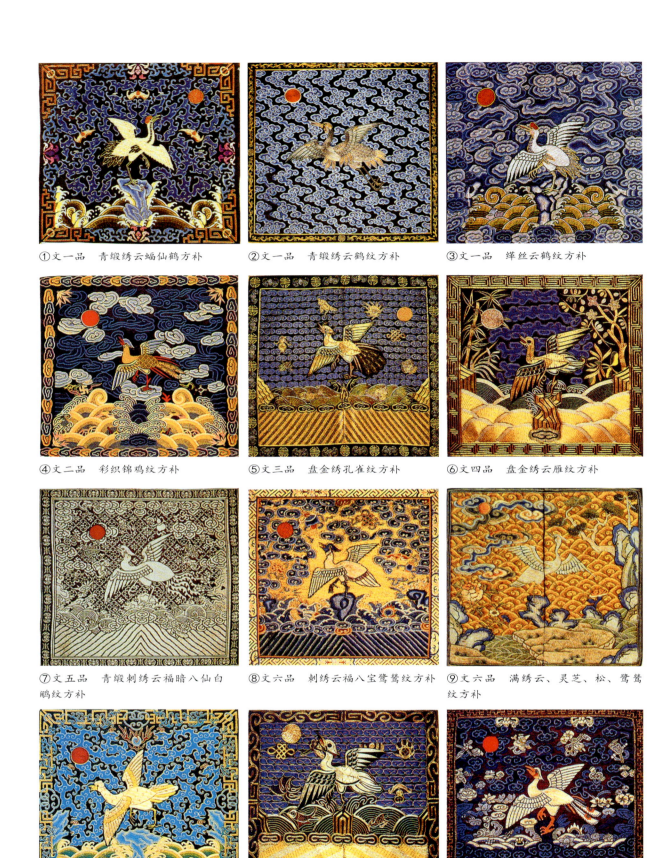

①文一品　青缎绣云蝠仙鹤方补　　②文一品　青缎绣云鹤纹方补　　③文一品　缂丝云鹤纹方补

④文二品　彩织锦鸡纹方补　　⑤文三品　盘金绣孔雀纹方补　　⑥文四品　盘金绣云雁纹方补

⑦文五品　青缎刺绣云福暗八仙白鹇纹方补　　⑧文六品　刺绣云福八宝鹭鸶纹方补　　⑨文六品　满绣云、灵芝、松、鹭鸶纹方补

⑩文七品　彩织云、鸂鶒纹方补　　⑪文八品　盘金绣鹌鹑纹方补　　⑫文九品　彩织八宝、云、练雀纹方补

图11-22　清代文官方补实物图（十二件）

①武一品 刺绣云水、麒麟纹方补

②武一品 盘金绣云水、麒麟纹方补

③武一品 缂丝青地云水、麒麟纹方补

④武二品 盘金绣云水、狮纹方补

⑤武三品 打籽绣灵芝、蝙蝠、云、豹纹方补

⑥武三品 彩绣云水、豹纹方补

⑦武四品 彩绣云、蝠、虎纹方补

⑧武五品 缂丝云水、熊纹方补

⑨武六品 绣云水、八宝、彪纹方补

⑩武六品 绣云水、暗八仙、彪纹方补

⑪武七、八品 盘金绣犀牛纹方补

⑫武九品 彩织云、蝠、海马纹方补

图11-23 清代武官方补实物图（十二件）

行褂是指一种长不过腰、袖仅掩肘的短衣，俗呼"马褂"：跟随皇帝巡幸的侍卫和行围校射时猎获胜利者所穿的缀黑色纽褂，在治国或战事中建有功勋的人所穿的缀黄色纽褂。缀黄色纽褂的称为"武功褂子"，其受赐之人可载入史册。礼服用元色（即黑色）、天青，其他用深红、酱紫、深蓝、绿、灰等，黄色非特赏所赐者不准服用。马褂用料，夏为绸缎，冬为皮毛。乾隆年间，达官贵人为显阔，还曾时兴过一阵反穿马褂，以炫耀其高级裘皮。

马甲为无袖短衣，也称"背心"或"坎肩"，男女均服，清初时多穿于内，晚清时讲究穿在外面。其中一种多纽褂的背心，类似古代裲裆，满人称为"巴图鲁坎肩"，意为"勇士服"，后俗称"一字襟"，官员也可作为礼服穿用。

由于清代服式一般没有领子，所以穿礼服时需加一硬领，称为领衣。因其形似牛舌而俗称"牛舌头"，下截为布或绸缎，中间开衩，用纽扣系上，夏用纱，冬用毛皮或绒，春秋两季用湖色缎。

披领是加于颈项而披之于肩背的，形似菱角，上面多绣纹彩，用于官员朝服。冬天用紫貂或石青色面料，边缘镶海龙绣饰；夏天用石青色面料，加片金缘边。

裤子为清代男子常服，中原一带男子穿宽裤腰长裤，系腿带。西北地区因天气寒冷而外加套裤，江浙地区则有宽大的长裤和柔软的于膝下收口的灯笼裤。

清代首服，夏有凉帽，冬有暖帽。职官首服上必装冠顶，其料以红宝石、蓝宝石、珊瑚、青金石、水晶、素金、素银等区分等级。官员燕居及士庶男子则多戴瓜皮帽，帽上用"结子"，以红色丝绳为主，丧仪用黑或白。清末，以珊瑚、水晶、料珠等取而代之。帽檐正中，另缀一块四方形"帽准"作为装饰，其质多用玉，更有的以翡翠、珠宝炫其富贵。这种小帽，即为明代六合一统帽。

朝珠是高级官员区分等级的一种标志，进而形成高贵的装饰品。文官五品、武官四品以上均佩朝珠，以琥珀、蜜蜡、象牙、奇楠香等料为之，计108颗。旁随小珠三串，佩挂时一边一串，另一边两串，男子两串小珠在左，命妇两串小珠在右。另外还有稍大珠饰垂于后背，谓之"背云"，官员一串，命妇朝服三串，吉服一串。贯穿朝珠的条线，皇帝用明黄色条，臣子则为金黄色条或石青色条。

富有者腰带上嵌各种宝石，有带钩和环，环左右各两个，用以系帨、刀、荷包等。带钩上以玉、翠等镶在金、银、铜质之内为饰。

足服则公服着靴，便服着鞋，有云头、双梁、扁头等式样。另有一种快靴，底厚筒短，便于出门时跋山涉水。

清代男子服装分阶层观察，主要为：

官员：头戴暖帽或凉帽，有花翎、朝珠，身穿褂、补服、长裤，脚着靴。

士庶：头戴瓜皮帽，身着长袍、马褂、掩腰长裤，腰束带，挂钱袋、扇套、小刀、香荷包、眼镜盒等，脚着白布袜、黑布鞋。

体力劳动者：头戴毡帽或斗笠，着短衣，长裤，扎裤脚，罩马甲，或加套裤，下着蓬草鞋。这种服式延续至20世纪中叶。

2.趋于融合的满汉女子服装

清初，在"男从女不从"的约定之下，满汉两族女子基本保持着各自的服饰形制。

满族女子服饰中有相当部分与男服相同，在乾嘉以后，开始效仿汉服，虽然屡遭禁止，但其趋势仍在不断扩大。

汉族女子清初的服饰基本上与明代末年相同，后来在与满族女子的长期接触中不断演变，终于形成清代女子服饰特色。

旗女皇族命妇朝服与男子朝服基本相同，唯霞帔为女子专用。明代狭如巾带的霞帔至清代已阔如背心，中间绣禽纹以区分等级，下垂流苏。类似的凤冠霞帔在平民女子结婚时也可穿戴一次。旗女平时着袍、衫，初期宽大后窄如直筒。在袍衫之外加着马甲，一般与腰齐平，亦有长与衫齐者，有时也着马褂，但不用马蹄袖。上衣多无领，穿时加小围巾，后来领口式样渐多。（图11-24、图11-25）

汉女平时穿袄裙、披风等。上衣由内到外为：兜肚、贴身小袄、大袄、坎肩、披风。兜肚也称兜兜，以链悬于项间，只有前片而无后片。

贴身小袄可用绸缎或软布为之，颜色多鲜艳，如粉红、桃红、水红、葱绿等。大袄分季节有单夹皮棉之分，式样多为右衽大襟，长至膝下，身长二尺八寸左右。袖口，初期尚小，后期逐渐放大，至光绪末年，又复短小，露出里面的袖子。领子时高时低。外罩坎肩多为春寒秋凉时穿用。时兴长坎肩时，可过袄而长及膝下。披风为外出之衣，式样多为对襟大袖或无袖，长不及地，高级披风上绣五彩夹金线并缀各式珠宝，矮领，外加围巾。习惯上吉服以天青为面，素服以元青为

图11-24　《月曼清游图·桐荫乞巧》中清代宫廷仕女的服饰　清　陈枚

图11-25 《春闺倦读图》中清代宫廷仕女的服饰　清　陈枚

图11-26　清宣宗孝全戎皇后与幼女像（局部）　故宫博物院藏

面。下裳以长裙为主，多系在长衣之内。裙式多变，如清初时兴"月华裙"，在一裥之内，五色俱备，好似月色映现光晕；有"弹墨裙"，以暗色面料衬托绣绘纹样；有"凤尾裙"，在缎带上绣花，两边镶金线，然后以线将各带拼合相连，宛如凤尾。

　　云肩是当时普遍佩用的装饰，形似如意，披在肩上。清初妇女在行礼或新婚时作为装饰，至光绪末年，由于江南妇女低髻垂肩，恐油污衣服，遂为广大妇女所应用。（图11-26至图11-28）

　　镶滚彩绣是清代女子衣服装饰的一大特色。通常是在领、袖、前襟、下摆、衩口、裤管等边缘处施绣镶滚花边，一般最靠边的一道留阔边，

图11-27　清代云肩
　　通高58厘米，两肩通宽53厘米。
　　传世实物，私人收藏。
　　此为清代广东地区流行的黑缎地彩绣花卉纹，花瓣、如意头形，两层缝制而成的云肩。形式为立领、开襟、无穗。

图11-28　杨柳青年画中妇女的云肩

图11-29　穿镶边长袄、裤或裙的女子
摹天津杨柳青年画中的人物形象。

镶一道宽边，再镶两道窄边，以绣、绘、补花、镂花、缝带、镶珠玉等手法为饰。早期为三镶五滚，后来越发繁阔，发展为十八镶滚，以致连衣服本料都显见不多了。（图11-29、图11-30）

除以上所述衣服外，尚有手笼、膝裤、手套、腰子等，多以皮毛作边缘。大襟处佩耳挖

勺、牙剔、小毛镊子和成串鲜花或手绢，并以耳环、臂镯、项圈、宝串、指环等作为装饰。

发型常讲究与服式相配。清初满女与汉女各自保留本族形制。满女梳两把头，满族人称"达拉翅"。（图11-31）汉女留牡丹头、荷花头等。中期，汉女仿满宫女，以高髻为尚，如叉子头与

图 11-30　清代绿暗花绸云肩镶边绣花棉袄
　　衣长 83 厘米，两袖通长 140 厘米，袖宽 30 厘米，腰宽 64 厘米，下摆宽 83 厘米，接袖宽 11 厘米，镶边宽 9.2 厘米。
　　传世实物，山东曲阜孔子博物馆藏。
　　此为圆立领、大襟、右衽，有白缎刺绣花卉图案和花边构成四合如意形云肩。平袖，接花边，并镶青缎钉金、刺绣花卉边构成的挽袖，左右开裾，裾顶端镶滚如意头形。
　　面料为暗花绸，纹饰为暗八仙、云纹。红素绸里。

图 11-31　梳两把头、戴耳饰的女子（参考传世照片绘）

燕尾头等。清末又以圆髻梳于后，并讲究光洁。未婚女子梳长辫、双丫髻或二螺髻。至光绪庚子以后，原先作为幼女头式的刘海儿已是不分年龄的发型了，而且头发上喜戴鲜花或翠鸟羽毛。红绒绢花为冬季尤其是农历新年时的饰品，各种鲜花则是春夏秋季的天然装饰品。北方成年妇女常

在髻上插银簪，南方成年妇女喜欢横插一把精致的木梳。平时不戴帽。北方天寒时，着貂毛翻露于外的"昭君套"。南方一带则大多戴兜勒，或称脑箍，在黑绒上缀珠翠绣花，以带子结于脑后。

　　鞋式满汉各异。满女天足，着木底鞋，底高一两寸或四五寸。高跟装在鞋底中间，形似花盆者为"花盆底"，形似马蹄者为"马蹄底"。汉女缠足，多着木底弓鞋，鞋面均多刺绣、镶珠宝。南方女子着木屐，娼妓喜镂其底贮香料或置金铃于屐上。

　　因这一时期民间木版年画盛行，所以留下很多婴戏图中的儿童服式。

　　清代服装风格的确立，与清代蒸蒸日上的纺织业、金银细工艺的发达是分不开的。特别是旗袍和大袄，很讲求装饰，衣襟、领口、袖边都要镶嵌几道花绦或彩牙儿，以多镶为美，所追求的与洛可可风格基本一致：繁缛、美丽、奢华。

第十二章
服装完善化时代

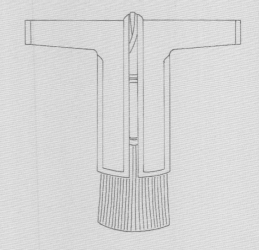

应该说，服装的完善意味颇多，但其中一个重要的指标是功能性。随着时代的发展，社会的进步，服装与人的"默契"显得越发重要，尤其是工业化的来临，使人们将着装的实用与舒适提到了前所未有的高度。除去功能性，人们对于服装美的追求也愈加多元，人类本性中喜新厌旧的意识与不断思变的作风将服装带到一个崭新的时代。

需要说明的是，在服装完善化时代，中外各国在时间上存在着较大差异。整个19世纪中国仍处于清王朝统治时期，时至清末同治四年（1865），清政府为了挽救日益没落的封建王朝，不得已派遣学生游历外洋。光绪二年（1876）又选派武弁前往德国学习水军，加之在中国领土上有来自各国特别是欧洲的侵略军和商人，因此必然出现了西服东渐趋势，但迫于皇帝阻拦，改装一直未得大规模实行。留洋学生回国后，也只得蓄假辫以避其舆论，直到辛亥革命爆发才彻底改革服装形制。在机械工业逐渐兴起的形势下，去掉长衣大袖而使之轻便适体，无疑是服饰史上一次大胆的改革。所以，中国服装完善时代应自19世纪末延续到20世纪上半叶，且随着西服东渐之势融合至世界大潮流、大趋势之中。

一、工业革命带来着装新理念

历史学家说："工业革命不是从天而降的。"这富有哲理的语言，说明举世瞩目的工业革命并不是一朝一夕突发异想而来的。当然，无论怎样看待，机械工业的大发展，无疑对服装款式和纹样产生了巨大的影响，社会生活的节奏也由于蒸汽机的带动而突然加快，随之而来的自然是对以前宽大服装的着力改革。由于工业革命发起于英国，因此工业革命带来的服装变革率先在欧洲兴起。

1.欧洲男子服装

男服在19世纪的发展总趋势比女服大，而且就世纪初和世纪末来看，前后差别非常明显。拿破仑·波拿巴曾有意提倡华丽的服装，这使19世纪初，法国大革命时期的古典主义服装样式和革命前的宫廷贵族服装样式同时并存。正如服装界人士所评论的那样：贵族气的装束也只是一种回光返照，它多半成为古典主义样式的点缀，使古典主义服装增添了贵族的豪华气息。

这一时期男装最突出的变化是裤子。由于法国大革命中，那种长仅到膝盖的马裤被看作是贵族的象征，因此平民男子故意将长裤作为自己的标志，而过去那种马裤只有宫廷成员还继续穿着。1815年时，男裤造型开始趋于宽松，这一改变有着划时代的意义，因为多少年来欧洲男子的下装都是穿着紧贴腿部的裤子或长筒袜的。

在19世纪最初的20年内，男子上衣的诸多式样中，有一种是前襟双排扣，上衣前襟只及腰部，但衣服侧面和背面陡然长至膝部。双排扣实际上是虚设的，因为衣服窄根本系不上扣。上衣的下摆从腰部呈弧形向后下方弯曲，越往下衣尾越窄，最后垂至距膝部几厘米远的地方。这种窄的衣尾，后来被人们称为"燕尾"。19世纪20年代中期，礼服大衣与燕尾服是流行的日常服装。只不过将二者相比，礼服大衣显得更加实用，因而穿着十分普遍，而燕尾服成为晚会或礼仪场合的服装，直至19世纪中叶才被大多数人所接受。（图12-1）从这时起，上衣闭合扣上移，一般只能系最上边的两个扣子。到19世纪60年代至70年代时，上衣的两片前襟自领口以下基本上都可以闭合了。在19世纪将近结束时，欧洲男子的典型着装形象是：头上礼帽，尽管高筒、矮筒、宽檐、窄檐不断有所变化，但基本样式未改。上衣有单排扣、双排扣之分。里面是洁净的衬衣，衬衣领口处有一个非常宽大的活结领带。领带结是整套服装中十分醒目的一处装饰。裤子的尺寸更加趋于以舒适为标准。裤管正中开始有笔挺的裤线。

图12-1　19世纪初期法国男子的外出服

上缠满了彩带，插着无数根羽毛；有的帽子上还饰有风车、帐篷饰物。晚间不戴帽子时，女子对自己的头发也格外重视。她们把头发梳得光滑明亮，而且用几条线绳和穗带将头发扎起来，然后再以金属线、发钗和高背木梳加以支撑。头发、花和羽毛缠结到一起，形成了鲜明的头饰风格。

在这以后，女服经历了宽大而后又趋适体的变化，至20世纪50年代时，撑箍裙再度复兴。不过，这时被普遍接受的美国裙撑已不再是早年的藤条或鲸骨，而变成了由钟表发条钢外缠胶皮制成，自然轻软多了。与此同时，镶有黑缎带或大玫瑰的白缎鞋，以及悬垂的耳饰、成双的手镯和各种式样的项链十分盛行。折叠扇子、手套和装饰精巧的太阳伞使女性服饰形象臻于完美与完善。（图12-2）

3.工业革命冲击下的中国男女服装

19世纪末，机械工业像狂风巨浪般冲击着古老的亚洲大地，给这块宁静的仍安于手工业生产和醉心于精工细作的东方艺苑带来了机器的轰鸣声。中国曾有一批向往西方近代文明的知识分子联名向清廷上书，建议变法维新，其中即包括服饰习俗改革，如康有为在《戊戌奏稿》中讲"今为机器

这种男子着装形象，就是19世纪风靡世界各地所谓的"西服"样式。

2.欧洲女子服装

或许因为妇女没有像男人那样更多地直接接触到工业革命的缘故，进入19世纪以后很长一段时间，女服仍然保留了欧洲宫廷式的古典风格。

进入19世纪20年代以后，女帽的变化开始加快，有的宽檐帽

图12-2　19世纪欧洲女裙的立体效果

之世，多机器则强，少机器则弱……然以数千年一统儒缓之中国褒衣博带，长裙雅步而施之万国竞争之世……诚非所宜"，并请求"皇上身先断发易服，诏天下同时断发，与民更始。令百官易服而朝，其小民一听其便。则举国尚武之风，跃跃欲振，更新之气，光彻大新"。戊戌变法中提出改制更服，虽然未能成功，宣统初年外交大臣伍廷芳再次请求剪辫易服也未能奏效，但辛亥革命终于使得近三百年辫发陋习除尽，也废弃烦琐衣冠，并逐步取消了缠足等对妇女束缚极大的习俗。20世纪20年代末，国民政府重新颁布《服制条例》，内容主要为礼服和公服，30年代时，妇女装饰之风日盛，服装改革进入一个新的历史时期。

男子服装在这时期主要为长袍、马褂、中山装及西装等。虽然取消了封建社会的服饰禁例，但各阶层人士的装束仍有明显不同。这主要取决于其经济水平和社交范围的差异。另外，由于年龄、性格、职务、爱好的不同，也在大同之中求异，并根据场合、时间分早装、晚装、礼服、便服等不同款式。男子已普遍剪去辫子、留短发，下面按几种习惯装束进行分述。

一是，长袍、马褂，头戴瓜皮小帽或罗宋帽，下穿中式裤子，脚蹬布鞋或棉靴。20世纪20年代中期废扎裤下端腿带，30年代后，裤管渐小，恢复扎带，缝在裤管之上。这是中年人及公务人员交际时的装束。

二是，西服、革履、礼帽，成为配套服饰。礼帽即圆顶，下施宽阔帽檐，微微翻起，冬用黑色毛呢，夏用白色丝葛，这成为与中西服皆可配套的庄重首服。这是青年或从事洋务者的装束。

三是，学生装。一般是头戴鸭舌帽或白色帆布阔边帽，穿着明显接近清末引进的日本制服，当然日本制服又是在西服基础上派生出来的。式样主要为直立领，左胸前一个口袋，一般为资产阶级进步人士和青年学生所服用。

四是，中山装。这基于学生装而加以改革的国产形制，据说因孙中山先生率先穿用而得名。其式样原为九纽、胖裥袋，后根据《易经》、周代礼仪等内容寓以其特殊涵义，如依据国之四维（礼、义、廉、耻）而确定前襟四个口袋，依据国民党区别于西方国家三权分立的五权分立（立法权、行政权、司法权、考试权、监察权）而确定前襟五个扣子，依据三民主义（民族主义、民权主义、民生主义）而确定袖口必须为三个扣子等，在西装基本式样上掺入中国传统文化元素。（图12-3）

五是，长袍、西裤、礼帽配皮鞋。这是20世纪30年代和40年代较为时兴的一种装束，也是中西结合非常成功的一套服装。既不失民族风韵，又增添潇洒英俊之气，于文雅之中显露精干，是这时期最有代表性的男子服饰形象。

图12-3 穿中山装、戴遮阳帽的男子（参考传世照片绘）

图12-4　瓷塑作品中的短袄套裙服饰形象

六是，军警服。这是在北洋军阀时期，直、皖、奉三系英军式装束。披绶带，原取五族共和之意而用五色，后改成红、黄两色。胸前佩章，文官为嘉禾，寓五谷丰登；武官为文虎，即斑纹猛虎，寓势不可挡。首服有叠羽冠，料用纯白色鹭鸶毛，一般为少将以上武官戴用，有些场合校级军官亦可戴用。军服颜色，将官以上服海蓝色，校官以下着绿色。国民党军服分便、礼两种，便服作战时穿，制服领，不系腰带；礼服则为翻领，美式口袋，内有领带，外扎皮腰带，大壳帽。宪兵戴白盔，警察着黑衣黑帽，加白帽箍、白裹腿，由辛亥革命标志遗留下来，以示执法严肃。此间军警服式变化较多，仅举几例。

至于民间，由于地区不同、自然条件不同，接受新事物的程度也不尽相同，因此服饰的演变进度自然有所差异。

女子服装在这时期变化很大，主要出现了各式袄裙与处于不断改革之中的旗袍。清代末年以后，由于留日学生甚多，国人服装样式受到很大影响，如多穿窄而修长的高领衫袄和黑色长裙，不施图纹，不戴簪钗、手镯、耳环、戒指等饰物，因区别于20世纪20年代以前的清代服饰而被称为"文明新装"。这种上袄下裙的装束被称为袄裙装。进入20年代末，因受到西方文化与生活方式的影响，人们又开始趋于华丽服饰，并出现了所谓的"奇装异服"。（图12-4）

旗袍本为满族旗女之袍，实际上未入八旗的普通人家女子也穿这种长而直的袍子，故可理解为满族女子的长袍。清末时这种女袍仍为体宽大、腰平直、衣长至足，加诸多镶滚。20年代末由于受外来文化影响，长度明显缩短，腰身收紧，至此形成了富有中国特色的改良旗袍。衣领紧扣，曲线鲜明，加以斜襟的韵律，从而衬托出端庄、典雅、沉静、含蓄的东方女性芳姿。这种上下连属、合为一体的服装款式隶属古制，但从古以来的中国妇女服装基本上采用直线，胸、肩、腰、臀完全呈平直状态，没有明显的曲线变化。直到这时，中国妇女才领略到"曲线美"，将衣服裁制得称身适体。女子身穿旗袍，加上高跟皮鞋的衬托，越发体现出女性的秀美身姿。旗袍在改良之后，仍在不断变化。先时兴高领，后又为低领，低到无可再低时，索性将领子取消，继而又高掩双腮。袖子时而长过手腕，时而短及露肘，40年代时又去掉袖子。衣长时可及地，短时至膝间。并有衩口变化，开衩低时在膝中，开衩高时及胯下。40年代时省去烦琐装饰，使之更加轻便适体，并逐渐形成特色。这期间女服除旗袍以外，还有许多名目，如大衣、西装、披风、马甲、披肩、围巾、手套等，另佩有胸花、别针、耳环、手镯、戒指等。（图12-5至图12-8）

二、中外民族服装

人类对于民族的认知起源很早，古埃及金字塔的壁画中已有不同民族人物的服饰形象。在中国，早在殷墟卜辞和周代青铜器铭文中就有了关于中原近邻民族的零星记载。但是，民族学真正成为独立学科，已经是19世纪中叶了。

从世界历史角度来看，1830年到1914年民族主义蓬勃发展，各个民族的服饰形象以及服装上的纹样，特别是寓意，已经相当明确了。从这点延展开来，服装面料及其制成工艺已基本规范，各民族服装风格已经确立。至20世纪50年代，这些现代民族的传统形象成为人们用来辨别称呼的主要依据。

民族服装经过千万年的传承发展，到这个阶段恰恰遇上工业革命所引起的服装简化。于是，民族服装在这时期成为典型。服装简化是为了适应机械生产和现代化设施，从现实实施上极易去掉烦琐的饰品和适宜农耕游牧生活的服装配件。工业化形势下的服装在世界范围内更加趋向

大同，这也使得五彩缤纷的民族服装发展到此定格。

1. 中国和亚洲民族服装

中国是一个统一的多民族国家，20世纪50年代确认为56个民族。除汉族以外的55个兄弟民族，人数只占全国总人数的6%，因而习惯上称其为少数民族。但其分布地区很广，有些地区以一族为主，如西藏、新疆、内蒙古等地，而有些地区却杂居二十余个少数民族，如云南即是中国民族最多的省份。这里所讲的民族服装，主要指成熟于20世纪中叶的只有某一民族特征的代表服装。

集中居住于黑龙江、吉林、辽宁三省的民族服装各不相同，如朝鲜族女子着长裙与短袄，上衣以直线构成肩、袖、袖头，以曲线构成领条、领子，下摆与袖窿呈弧形。满族男子传统衣装为长袍，女子有达拉翅等，这在清代服装中已叙述。鄂伦春族男女均以皮袍为主，头上有极富民族特色的狍头皮帽，一年中多脚穿鱼皮靴。达斡尔族、鄂温克族男女均着大襟长袍，脚穿绣花皮靴。鄂温克族女子普遍戴饰品。已婚妇女还要戴银牌、银圈等。赫哲族男子以鱼皮、鹿皮等皮衣为主，多穿鱼皮长衫，内有鱼皮套裤，脚蹬鱼皮靰鞡。冬季戴皮帽子，着宽大且厚的皮袍。

主要居住在宁夏回族自治区的回族男子一般为长裤、长褂。只是男戴白布帽，女子多习惯蒙头巾。

集中居住于新疆维吾尔自治区的维吾尔族、乌孜别克族、柯尔克孜族、塔塔尔族、俄罗斯族、哈萨克族、塔吉克族服装风格比较接近，男子多着竖条纹长衫，对襟，不系扣。腰间以方形围巾双叠系扎，内衣侧开领，外衫前襟敞开。女子着分段缬丝绸长衫或连衣裙，也有大开领、圆领，下面以扣系上。外面常套深红、深蓝或黑绒的坎肩，胸前绣对称花纹，以葡萄纹最多。头上梳多条或两条辫，喜戴项饰。维吾尔族典型首服

马甲旗袍　　　　　倒大袖旗袍　　　　经典旗袍　　　改良旗袍　　　花样旗袍

图12-5　民国时期常见的旗袍样式

图12-6　民国时期《良友》半月刊杂志封面人物的旗袍样式

图 12-7　民国无锡荣氏家族的传世旗袍

图 12-8　民国杭穉英所绘旗袍女装形象

是吐鲁番花帽。柯尔克孜族男子头戴顶部白色、檐部黑色外卷，内有黑色细带绷于帽顶交叉成十字的翻檐毡帽。哈萨克族女子戴帽边绣花镶银箔的小帽，帽顶插羽毛，尤尚猫头鹰毛。塔吉克族女子无论老少，均戴一顶用白布或花布做成的圆顶绣花小帽，前边有宽立檐，立檐上有银饰，并从顶上垂下一圈珠饰，花帽缀有后帘，有的还在帽上装一个向上翘的翅，可以上下翻动。唯独锡伯族男女服装兼有满族、蒙古族特点，多为大襟袍袄，袍外着马褂，男子戴毡帽女子戴头箍。

集中居住于甘肃省与青海省的裕固族男女一般多着大襟长袍。女子袍边缘镶很宽的多层花边，并在彩绣之外加缝花辫。腰间束带，有两条宽带自背后搭至胸前，另有一条垂在背后，谓之"头面"。保安族、东乡族、撒拉族男女服装均明显受到其他民族影响，更多倾向于回族风格。土族男女长袍长裙，相比之下土族人重视装饰，在服装的款式、图案、色彩上异常考究。土族服装表现最突出的一点，即是色彩鲜艳、明快，对比强烈，这是一个追求服装艳丽的民族。

主要居住在内蒙古自治区的蒙古族人男女均着皮夹长袍，头上裹巾或戴帽，着大襟长袍。其中摔跤服是蒙古族极有特色的服装，有些地方称为"昭得格"。一般是上身为革制绣花坎肩，边缘嵌银制铆钉，领口处有五彩飘带，后背中间嵌有圆形银镜或吉祥文字。（图12-9）

图12-9　蒙古族男子服饰形象

主要居住在西藏自治区的藏族男女的长袍式样基本相同，为兽皮里、呢布面，所有边缘部分均翻出很宽的毛边，或是以氆氇镶边形成装饰。藏族传统衣料中最有特色的是氆氇，其彩条氆氇可作为女子前围腰，也常作男袍的边缘装饰。门巴族、珞巴族服装与藏族近似，只是耳环、手镯、指环等装饰品更加多样且多量。最有珞巴族特色的是熊皮帽，其熊皮色黑毛长，戴在头上，似长发披肩。

集中居住于四川省与贵州省的羌族男女均穿长袍，女袍略长，下摆呈裙状。最具民族特色的是男女皆穿羊皮坎肩。彝族男子上身着大襟式彩色宽缘饰的长袖衣，下身着肥大的裤子或宽幅多褶长裙，脚下着布鞋或赤脚。最具彝族服装特色的是头扎"英雄结"、身披"查尔瓦"的装束。女子多穿彩条袖子的窄袖长衫，外套宽缘边的深色紧身小坎肩。苗族、水族、侗族、布依族男子服装主要为对襟上衣、长裤，有时外罩背心或彩绣胸衣。其包头巾一头长及腰带，两头均抽穗或以彩线绣图案。脚蹬草鞋、布鞋或赤足，扎裹腿时，亦在腿带上绣花。苗族女子服装样式很多，尤其讲究佩戴银饰。（图12-10、图12-11）水族女子服饰以黑色为主。侗族女子喜着长衫短裙，其上衣为半长袖、对襟不系扣，中间敞开一缝，露出里面的绣花兜兜；下穿短式百褶裙，裙长及膝盖，小腿部裹蓝色或绣花裹腿。布依族已婚妇女则用竹皮或笋壳与青布做成"假壳"，戴在头上，向后横翘尺余，是很特殊的首服形式。

集中居住于云南省的佤族、景颇族、纳西族、基诺族、德昂族、傣族、白族、独龙族、阿昌族、拉祜族、哈尼族、布朗族、傈僳族、怒族、普米族男子服装基本一致，均为对襟衫、肥腿长裤，头上裹巾。（图12-12、图12-13）女子服装各有特色，如佤族上衣较短，裙腰又起自腰腹部，因此腰腹多袒露在外。纳西族最为特殊的

图12-10　苗族女子的牛角饰

图12-11　苗族女子的牛角形服饰

是所披的称为"披星戴月"的羊皮坎肩；披肩呈片状，上宽，腰细，下为垂花式，披肩镶饰两大七小共九个彩色丝线绣的扁平圆盘，盘中垂下一带，可系扎所背之物。基诺族头戴一种尖顶帽，颇似口袋少缝一边而罩在头上，于是竖起一尖，而下边如披巾。德昂族最有特色的是女子腰胯之间套有藤圈，而且重重叠叠，难以计数，颈项间则有多层银项圈。傣族则是上衣多为长袖或短袖薄衣，通常是无领，衣长仅及腰，下身为筒裙，裙长多及足。白族浅色窄袖上衣，外罩宽缘边斜竖领或大襟坎肩；下着深色长裤，裤管略肥短；胸前围一彩绣围腰，腰带上绣满各种花卉。独龙族最具特色的是男女老少都身披一条独龙毯，这

是独龙人自己织成的一种条纹毯，习惯将其披在前胸后背。哈尼族女子以衣饰华丽而著称，常是短至膝上的多褶裙，再缠彩色裹腿。傈僳族女子则讲究头上罩以银片穿珠的头饰，谓之"窝冷"。

　　集中居住于广西壮族自治区的壮族、京族、仫佬族、毛南族、瑶族、仡佬族男子服装基本一致，其中京族男女均着裤管较肥的长裤。毛南族著名工艺品被称为"顶卡花"，是一种男女老少都戴的晴雨两用斗笠，也是男女之间不可缺少的定情之物。由于居住地较为分散，瑶族女子服装样式差异较大，且各具精美特色。

　　集中居住于福建、广东、台湾、湖南等省的畲族、黎族、高山族、土家族男子服装很接近。

图12-12　云南地区少数民族男子的普遍服装款式

图12-13　白族新郎与新娘

畲族女子着斜襟上衣，其特色服饰是"凤凰装"，即头戴以大红、玫瑰红绒线缠成统一形状与发辫相连的"凤凰冠"，全身以大红色、桃红色、金色、银色为主，着带有银饰的服装。黎族和高山族男装风格粗犷，女装多着较短筒裙。

　　亚洲其他有特色的民族服装还有日本的和服和印度的纱丽，这在前文中已用专门章节叙述。（图12-14）朝鲜半岛的上短下长式服装与中国朝鲜族服装一致。蒙古国服装也与中国蒙古族服装完全相同。另外，东南亚越人、芒人、岱人、寮人、克木人、占人、缅人、克伦人、掸人、克钦人、泰人、马来人以及爪哇人等由于所处环境气候温暖潮湿，所着衣服多为棉、葛衣料，对襟上衣、下裤或筒裙，只是因信仰不同，表现文化

图12-14　日本和服中的高胸前结式

的细节不同。（图12-15、图12-16）有特色的是男子穿筒裙也很普遍。克什米尔人、孟加拉人、拉贾斯坦人、泰卢固人、泰米尔人、安达曼人、锡克人、僧伽罗人的男女一般均穿肥阔上衣和下裤，外面再裹大而阔的围衫（也可称为布单或绸单），头戴帽子围巾相当普遍。西亚有阿富汗人、波斯人、土耳其人、阿拉伯人、贝都因人、黎巴嫩人、也门人、阿曼人等，他们的服装总体属于阿拉伯风格。男子着长衫、长袍，头上裹巾；女子裹黑纱，从头一直垂至脚。总之，西亚服装属于围裹式。

2.欧洲民族服装

欧洲各国的民族成分比较单一。大多数民族都是在各自民族国家的范围内形成的，民族分布区域与国界大体一致或接近。只有在民族分布交界的地区，民族成分才比较混杂。欧洲共有大小民族160多个，其中人口上千万的民族有18个。下面介绍的各国主要为在19世纪至20世纪时保留并形成传统服装文化特色的民族服装。

北欧主要有瑞典人、拉普人、丹麦人、冰岛人等，由于处于寒冷地带，所以传统服装均有上衣、背心、齐膝或至踝部的裤子，头上戴帽或裹头巾。女子服装上大都有优雅的刺绣，特别讲究的是在白色或本色的亚麻布外施以网绣。女衬衣、无檐女帽、头巾、披肩上一律有网绣。

西欧主要有苏格兰人、爱尔兰人、英格兰人、法兰西人、瑞典人、奥地利人、荷兰人等。其中苏格兰男子最具民族特色的服装是方格短裙。早在两千多年前，苏格兰高地上的人就穿一种从腰部到膝盖的短裙，名叫"基尔特"。（图12-17）爱尔兰人无论男女都喜欢穿毛织品制成的斗篷。斗篷加上披肩是爱尔兰人典型的传统装束。英格兰人农民的服装特色，还带有撒克逊时代服装的遗俗，其中最突出的是长罩衫。法兰西人中无论男女，都讲究首服。那些饰以花边的帽

图12-15　印度尼西亚北苏门答腊中沙摩西岛服装

图12-16　泰国女子服饰形象

图12-17　苏格兰人的方格毛呢裙

子以及用花边制成的头巾头饰，约有几百种式样。优雅的着装形象使法兰西人的气质自然地流露出来。（图12-18）奥地利人的民族服装是妇女们穿着宽松衬衣，还有用棉布、丝绸、天鹅绒制成的紧身围腰，上面饰以花边和银纽扣，肥大的裙子里面一般要穿上白色的衬裙，脚蹬皮鞋。木鞋是荷兰民族服装中一个重要的组成部分。男子上穿衬衣，下穿肥大裤子；女子上穿衬衣，下穿多层的裙子，脚均蹬木鞋。

南欧主要有葡萄牙人、西班牙人、意大利人等。西班牙人的民族服装与西班牙人的宗教、舞蹈和斗牛等有着密切的关系。例如通常在舞蹈（踢踏舞）中穿着的适合快速急转的短式女裙，在日常出门或集市上也可以穿着。意大利人的传统服装，保留了许多古老的传统，所用质料有亚麻布、天鹅绒和丝绸。即使是较为贫困的农妇们，也穿着丝绸的女衬衣、内衣，并且饰以花边和刺绣。连亚麻布制成的围裙上也饰以彩色的窄条装饰。（图12-19）

东欧主要有德意志人、波兰人、捷克人、匈牙利人、罗马尼亚人、吉卜赛人、俄罗斯人、白俄罗斯人、拉脱维亚人、爱沙尼亚人、格鲁吉亚人、亚美尼亚人、阿塞拜疆人、哈萨克人等。其中德意志人是尚武民族，戎装十分精美考究。（图12-20）东欧的民族服装多讲究男服上为白衬衣，下为深色长裤，蹬皮靴；女服为束腰长裙，围腰上刺绣精致，手工痕迹浓郁。当然，末代沙皇的服饰形象很能代表贵族传统。（图12-21）

3.非洲民族服装

非洲大陆约占全球陆地面积的五分之一，但人口只有四亿多，约占全世界人口的14%，其中尼格罗人约占非洲人口的三分之二，大多分布在撒哈拉沙漠和埃塞俄比亚高原以南。非洲的服装非常丰富，尤其是饰品和绘画等。只是由于非洲大陆主要处于热带和亚热带等地区，因而服装材质和款式差别不是很大。（图12-22、图12-23）

北非主要有埃及人、阿尔及利亚人、摩洛哥人、利比亚人等。其中埃及人多穿又宽又大的长袍，既可挡住撒哈拉大沙漠的风沙，又便于光照

图12-18　法兰西人民间服装

图12-19　意大利人民间服装

图12-20　德意志人民间服装

图12-21　俄罗斯尼古拉二世和皇后亚历山德拉服饰形象

图12-22　非洲民间服装

图12-23　非洲女子的特色装饰

图12-24　因纽特人服饰形象

图12-25　印第安人以皮毛为
特色服装

强烈时空气流通。这种长袍长到踝部，颜色多为白色或深蓝色，里面穿着背心和过膝长裤。不论寒暑，男子都扎着一条头巾，或戴着一顶毡帽。妇女们则以黑纱蒙面，在符合伊斯兰教规的同时，又能适应居住区域的气候。埃及人服装风格基本上等同于阿拉伯人服装风格接近。

东北非主要有加拉人，自称"奥罗莫人"，穿着近于原始部落生活习俗，仅在腰间裹一块布，有女性在嘴上佩戴"大圆盘"的传统。

东非主要有马赛人、坦桑尼亚人、毛里塔尼亚人、豪萨人等。其中较简单的服装，如马赛人成年男女只在下身兜一块兽皮，或植物围裙；豪萨人则着长袖衫、紧腿裤子，外罩宽大袍子。这一地区最典型的服装就是妇女穿的"康加"，即以一块或两块花布裹在身上，同时有"加乌尼"，即一种长到膝盖的无褶长裙。

中非主要有蒂布人等，其中生活在森林里的俾格米人服装简单，仅为一围腰，但蒂布人的服装风格接近北非，也是长衣长袍，戴帽，男子亦裹面纱。

南部非洲主要有祖鲁人、索托人、科萨人等。其中祖鲁人着装简单，男女系腰带、穿短裙；索托人着一件披毯，一顶草帽。但总体看非洲民族服装，饰品的材质、色彩、造型都相当丰富讲究，色彩鲜艳，饰品繁多，且原始意味浓郁。

4.美洲民族服装

美洲北部原住民主要是印第安人，另外还有北极地区的因纽特人，北美南部则有历史较为悠久的墨西哥人等。由于美洲在近代沦为西方殖民地，因而后来形成的服装风格在某种程度上夹杂着欧洲、美洲、非洲等多地的文化元素。

因纽特人因其居住在严寒地区，以狩猎捕鱼为主，所以服装多为皮衣皮裤，款式则常常是上下衣相连，靴子和手套等的材质均以麋鹿、海象皮为主。（图12-24）

印第安人实则包括许多民族和部落。头饰中最有代表性的是以羽毛插成一个扇状的头冠。佩饰很具捕猎民族特点，兽牙、兽首、皮毛、木棍等较为普遍。（图12-25）

生活在秘鲁的印第安人，被称为坎帕人，自称阿萨宁卡。其传统服装颇具自然生态气息：头上插一根红色羽毛，鼻子上横穿一根黄色羽毛，脖子上挂一个蜗牛壳，背上佩着箭囊，露出来的箭尾是各类羽毛。

其他居住在美洲的民族，传统服装各异。

5.大洋洲民族服装

当今居住在大洋洲的居民，主要是欧洲、美洲和亚洲的移民及其后裔，只有澳大利亚原住民曾长时期生活在澳大利亚的昆士兰州和澳北区。当殖民者和大量移民涌入澳大利亚时，他们被驱赶到附近的岛屿上，因而至当代仍有不少部落保留着固有的传统，没有像美洲印第安人那样被快速同化。

澳大利亚原住民衣着简单，讲究文身，但男女在平日均佩戴着腰带、臂剑、项圈、前额箍和骨制穿鼻针。（图12-26）

新西兰的毛利人，也是原住民，他们以当地产的亚麻织成披肩、围胸、围腰和短裙，并有装饰各种羽毛的斗篷，最有特色的是文面。（图12-27）

图12-27　新西兰毛利人讲求文面

图12-26　澳大利亚原住民传统装束

巴布亚人男子仅在腰间扎一块围布，女子则穿草裙或树皮编织的蓑裙，但是饰品很多，多用猪牙、鸟爪、贝壳、果核或玻璃珠制成。

另外，美拉尼西亚人、斐济人、波利尼西亚人、萨摩亚人多穿披布，文身，或以鲜花装饰。

总之，民族服装是无比璀璨的文化果实。19世纪末20世纪初，甚至到20世纪中叶，是全世界民族服装最为闪光的时代。它们经过千万年的酝酿、培养，到这时进入完善阶段。此阶段恰恰又是与国际服装碰撞接轨之前，在此之后的民族服装或是没有继续发展，或是在现代服装冲击下被逐渐淡化。

结　语

当这本书写到第12章，即正文结束时，社会依然在前进，而且其节奏之快、变化之大又非以往所能比。我们用一种最为恰当的表达——结语，来体现这一动态的发展，以盼可以包含无限且至今。

一、国际服装形成趋势

历史进入公元20世纪中叶，中外服装史也进入一个新的时代，这就是全球出现国际化趋势。其特征主要表现为以西方国家服装新潮流为先导，其中尤以法国巴黎为国际时装中心，具有时装发源地和集散地的作用。与此同时，民族特色服装开始面临国际化时装的冲击。

所谓服装国际化正是依托时装这个具有多重属性特征的时代产物。时装脱胎于工业革命，以工业革命先进成果的身份和形象，进入并占领了地球上每一个可以到达的地方，它恰恰成了工业普及的最直接、最便利的配套物件。在现代生活中，服装能够塑造好的形象，因而走在时代前端的西方时装又成为范本。时装还显示出价值取向以及审美标准，特别是科学技术带来的信息畅通与无障碍传递，使得时装的国际化趋向势不可挡。

对于中国服装发展史来说，1949年新中国的成立，标志着它走入一个崭新的历史时期。这是一个以工人阶级为领导以工农联盟为基础的人民民主专政国家，所以从开国伊始，中国人着装即开始出现整齐划一的趋势，一些典型服式和典型着装方式的普及程度是十分惊人的，如列宁服与花布棉袄就能够代表这种形势。20世纪60年代至80年代，在"全国人民学习解放军"口号发起与响应的同时，掀起全民着装仿军服的热潮。军服潮波澜壮阔地发展，在中国大陆以至每一个角落引发热烈的反响。

新中国成立后服装的一个巨大转折点是改革开放。自1979年中国对世界扩大开放敞开国门以后，西方现代文明迅速涌入神州大地。其中，服装最为显而易见，是对青年最有诱惑同时又最易模仿的文化载体。中国青年几乎在一夜之间接受了喇叭裤并很快传遍全国。着喇叭裤时上身须紧瘦，从而出现了 A 形着装形象，同时佩戴大框太阳镜。

进入 20 世纪 80 年代中期，时装屡屡出新，上衣有各种 T 恤衫、拼色夹克、花格衬衣等，穿西装、扎领带已开始成为郑重场合的着装，且为大多数"白领阶层"所接受。下装如筒裤、牛筋裤、萝卜裤、裙裤、美其裤（瘦而短至膝下）、裤裙、百褶裙、八片裙、西服裙、旗袍裙、太阳裙等时时变化。20 世纪 60 年代时在世界范围内流行的"迷你裙"（mini），它是以英文"袖珍"取名的，裙长只遮住臀。当 80 年代再度风行时，中国已与世界潮流同步而行了。

20 世纪 90 年代初期，以往人们认定的套装秩序被打乱了。过去出门只可穿在外衣之内的毛衣，这时可以不罩外衣堂堂正正地出入各种场合，这其中也与毛衣普遍宽松的前提有关。

20 世纪 90 年代中期，巴黎时装中出现夏日上街穿太阳裙、脚蹬高勒皮靴式黑纱面凉鞋的景象。这种过去在海滩上穿的连衣裙的上身很小，肩上只有两条细带，作为时装出现时裙身肥大而且长及脚踝。几乎与此同时，全球时装趋势先是流行缩手装，即将衣袖加长，盖过手背；后又兴起露腰装乃至露脐装，上衣短小，露出腰间一圈肌肤。

时光接近 20 世纪末，中国文化与国际文化频繁地由撞击而趋同。当然，这时欧亚各国开始悄悄地兴起中国服装热，手工绣花、盘扣、立领对襟、弧形下摆以及蓝印花布，织有星星点点、小花小草的锦缎面料等富有中国传统文化风采的服装元素，频频出现在具有前卫性质的时装上。中国年轻的姑娘们也开始在牛仔裤上配一件蓝色粗布的中式小袄。

时代跨入一个新的世纪，意味着有许多新的思想的产生。当服装作为载体时，它是最有视觉冲击力，因而也是最具影响力的，它是反映社会思潮最为显见的形式之一。

21 世纪，后现代主义思潮越发深入人心，浸润到许多领域。这种思维影响的结果是，无中心、无规律、无权威已成大势所趋。中国改革开放 20 年后，人们面对令人眼花缭乱的服装现象，早已司空见惯。随着思想开放程度的加大，中国的社会宽容度逐年增强，只要不违法，人们愿意怎样着装都无所谓。个性越来越被重视。这时候，世界最新潮流的时装可以经由最便捷的信息通道——电视、因特网等瞬间传到中国。中国的服装界和热衷于赶时髦的青年们基本上与发达国家同步感受新服饰。

2004 年以后，大学生中出现"汉服热"，即身穿汉代人的深衣或袍服举行活动。"汉服风"虽然未被主流媒体所提倡，却也一直在年轻学子们之间蔓延开来。总之，社会越来越进步，人们的着装理念也越来越宽容，在服装上充分地显示着多元文化的魅力。

西方国家的近现代服装特色，是围绕着时装展开的。自从查尔斯·沃思开创了时装新纪元后，20 世纪时装潮流便是以时装设计师的作品来推演的。当然，这并不等于都是专业时装设计师。有些是演艺界名人，有些是政治名人，很多时候是由他们的爱好或偶然设计一件衣服，或是突发异想地穿出一身配套服装，从而引起世人的兴趣以致流行开来。

从历史发展和社会现实的角度来看，每一个时期的时装流行趋势都是有其社会文化作背景的。即使从表面上看某一潮流源于某一位设计师的作品，但实质上还是迎合了社会发展的需要。否则，逆社会而行，是难以推动其时装演进的。

20 世纪的时装潮流在起始阶段，明显是巴黎在起领头羊的作用。但是很多国家的宫廷服装还在作为流行源头。工业文明的飞跃发展和社会宽容度的增大，使女性获得了较大的自由。一些衣食无忧的女性可以旅行、骑马、打高尔夫球，而且可以参加社会工作。这种"新女性"的现实导致了"新女性"服装风格的出现。这种服装最主要特征是抛弃紧身胸衣，尽量使女性从束缚中解放出来。"新女性"服装中有一个明确的倾向，即是女装具有男服特点。当年流行开来时，甚至英国女王、法国王后以及公爵夫人都被这种"两性服装"所吸引。因为它便于活动，如适宜骑自行车、打球等，因此成为极适合当时社会的一种服装风格。在此期间，也曾有美国的艺术家吉本孙设计过紧身、拖曳在地的长裙，因大胆显示女性形体线条之美而风靡一时。只是由于在走路时不方便，随后便被缩短裙身，直到被长及膝盖之下的女裙所取代，这种衣服被人们唤作"散步女裙"。

由于汽车和快艇的出现，女性乘坐敞篷汽车和快艇出游成为时尚，这就为女装提出了新的要求。于是一种厚实的棉布——华达呢应运而生。它的组织较细、棉布致密，便于挡风避雨，一时受到外出女工的欢迎。女服款式也发生了很大的变化，如衣领处收缩、裙摆用皮圈扎紧等。

1914年至1918年，第一次世界大战的炮火使服装产生变化。面对严酷的现实，人们首先考虑的是衣服要结实耐用、色深耐脏、穿着方便，适合于快速行动。装束的时髦性已退居次位。大战结束以后，女装发生了较大的变化。首先是战后需要建设，大批妇女参加了工作，她们在服装上更多地追求自由和舒适。在这种社会形势下，以服装来显示身份地位的功能显得不再重要。因而少女们强烈地表现出一种着装倾向，即摆脱传统，追求我行我素。

女裙长度进一步缩短，由踝部以上改为至小腿肚处，而且非常宽松。女装廓型直线条，不再收紧腰部，也不再夸大臀部。尤其是流行"男孩似的"风格，导致发型也随着剪短。1920年至1952年期间，女裙逐渐短到膝盖处，这被认为是最标准的式样。

第一次世界大战以后，美国好莱坞的电影明星代替了世纪初的歌剧演员。在时装流行上，广大女性开始按照影星的穿着来确立自己的追逐目标。这就迫使巴黎时装界不断推出自己的新式样，在众星闪耀中，女装的设计主调确立了——适用、简练、朴素、活泼而年轻。

20世纪30年代，女装"男孩似的"风格开始消失，直线被曲线所代替，女性身体的优美线条又重新显现。特别是晚礼服，后背袒露几乎至腰，无袖，腰和臀部都是紧裹的，有时在肩部还要饰以狭窄的缎带或硕大的人造花，至臀部展宽。美国发明了松紧带和针织女装，这种针织物具有丝绸般的质感，拉链也已广泛地应用在女装上。

第二次世界大战以后，现成时装开始普及，这与经济复苏关系至密：一方面生产规模和生产技术不断扩大、提高；另一方面，企业之间的竞争更加剧烈。这样统一的、标准化、规格化的时装更加符合大家的着装需求。因为它既代表着先进的文明，同时又可增加鲜明的企业形象，职业装在这个时候被大量应用。

20世纪40年代，"新外观"风格的女装引起轰动。在经历过战后紧张、劳累之后，妇女们急切地想摆脱掉简陋。这时一种强调圆而柔软的肩部、丰满的胸部、纤细的腰肢以及适度夸大、展宽臀部的新外观女装应运而生。领导这一新潮流的是著名设计师克里斯汀·迪奥。

20世纪50年代的女装更加趋向随意、自由。这期间，除了出现腋部宽松，袖口收紧的"主教袖"以外，直立衣领重新出现。女裙仍到小腿肚中间，而且比较宽松。由于人们的生活更加丰富多彩，意识也更加无拘无束，这时工装裤开始流行。工装裤为女性所穿着，实际上说明了1850年由李维·斯特劳斯所创造的牛仔裤到这时得到普遍的认同。

209

1954年前后，意大利风行结实的厚毛线衫，式样屡变，如高而紧的衣领、附加的兜帽、宽大的袖窿；色彩上更是时时更新，追求美而富丽。美国人在意大利毛衫的工艺基础上，纺织成晚礼服，上面还装饰以刺绣，缀上玻璃珠和小金属片。随着年轻女性革新意识的不断增强，姑娘们渴望着有一些新的服装和新的穿着效果，以显示与传统的不同。这时有一种"青年女装运动"代表着新的思潮，如膝上裙或裙裤配高筒女靴的穿法成为最时髦的装束。

20世纪60年代，玛丽·匡特女士设计的超短裙在美国受到了空前的欢迎。由于超短裙充满了旺盛的青春活力，所以盛行不衰。1966年，英国尼龙纺织协会生产了透明和半透明的衣料。1969年，姑娘们就在这种透明的女装上再饰以小圆金属片，或饰以小钟铃。与此同时，披肩发、束腰上装、紧身短裤或肥大的裤子等纷纷加入时装的行列之中。

20世纪70年代，服装的面料、款式、色彩更加丰富，人们的着装观念也更加肆无忌惮，女性的紧身短裤竟然穿到办公楼里。正规、严肃的着装意识正在受到冲击。这一时期服装加工的自动化流水线已经应用多时，电子计算机也已开始用来计算衣料并裁剪服装，科学技术的飞跃发展使服装行业迈上了一个新台阶。

在这一较长的服装国际化进程中，各国家、各地区都不同程度地步入新阶段。在这一时期表现比较突出的是，各国男性元首在国际活动场合基本上都穿西装，即完全西化的上衣，并系扎领带。下装相对来说可以保留更多的本国服装特色，如内穿长袍或下为长裙。足服也是可以为西式皮鞋，也可以为本国特色靴鞋。当然，也有例外，如印度国家总理参加国际活动，往往就是全身本民族服装，中东国家元首也是一身典型的传统服装。中国国家领导人则是有时穿西装，有时穿传统特色的中山装。各国表现一致的是，出席国际活动时若有元首夫人，大多是着本民族特色服装的。

至于服装国际化进程中的各国人民着装，因为对外交流不同，因而保留民族服装还是随工业化而换为现代装，有着很大的差别。

二、科技服装日新月异

进入20世纪后半叶，化纤服装和塑料配饰开始占据了服装的主要份额。人们一度因为化学纤维和人工合成纤维耐用、无褶皱，且色彩鲜艳，因而盲目追赶。着装者认为，科技成分多的服装面料显然代表着先进。高度机械化已经把人工远远甩在后面，凡是原有的手工织布，自然颜料印染以及家庭式作坊缝制的衣服，一律被视为陈旧落后。

可是，进入20世纪末，当这一切都在向顶尖技术发展的时候，人们开始厌倦了大规模生产的服装的单调、乏味。怀旧思潮涌现，又开始留恋古典服装的优雅，追求手工工艺的质朴。就在这种情况下，着装者意识的更新反映在服装上，女装又一次追求男性化，宽肩、直线条的女装重新在时装界风行开来。

进入20世纪80年代，时装设计进入多元化时期，随着人们观念的不断更新、题材的不断丰富，时装界越发异彩纷呈，令人目不暇接。较为引人注目的是"中国风"闪亮于T台上。1998年岁末，钟情于东方民族风情的西方服装设计师从中国的绿军装上找到灵感，推出了"中国军服"系列。在用料上选取厚质的皱褶丝绸，在色彩上采用大面积的军绿色及少量红色，形成夺目的对比。中国式的军帽及中式的高领，优美的设计与剪裁，创造出中西合璧美妙的衣装境界。

由此而引发的东方热、民族风情顿时席卷国际时装舞台，世界服装设计师克里斯汀·拉克鲁瓦、瓦伦蒂诺·加拉瓦尼、凯萨琳·哈姆内特、高田贤三纷纷以"民族"为主题抒写时装狂想曲。这些具有时代感的服装强调着时装的新异性、易变性与现实性。西方时装界崇尚的异域主题设计理念在大众间引起共鸣，这一现象并非一般的推销逻辑所能解释，即通过对历史的回顾，发掘民间与民族服装并重新利用有价值的部分，使之成为时装新款的潜在主题。西方时装已将非西方的影响、传统和形式纳入自己的主流。这些新鲜而独特的服装，已被证明是能够满足两种文化系统要求的有效手段。穿戴这些时装的包括各国的时髦妇女、生活在西方的各国妇女和醉心于东方文化的西方妇女。时装系统之间的相互往来在设计、着装习惯、经济方面构成了时装的工业环境，为时装带来更高的附加值。当然，它们之间相互依存的关系也说明，现代时装本身不仅已经国际化了，而且讨论时装的语言也已国际化了。

进入20世纪90年代以来，欧美国家经济一直处于不景气状态，能源危机进一步加强了人们的环保意识。重新审视自我，保护人类的生存环境，资源回收与再利用等观念成为人们的共识。"回归自然，返璞归真"，在这种思潮的引领下，生态热不断升温，环保意识表现在现实生活中，当然更体现在时装上。各种自然色和未经人为加工的本色原棉、原麻、生丝等织造的织物成为维护生态的最佳素材，代表未受污染的南半球热带丛林图案及强调地域性文化的北非、印加原住民、东南亚半岛等的民族图案亦成新宠。另外，印有或织有植物、动物等纹样，甚至树皮纹路和粗糙起棱的面料都异常走俏。不仅如此，在服装造型上，人们又一次摒弃了传统对于服装的束缚，追求一种无拘无束的舒适感。休闲服、便装迅速普及，垫肩已明显过时，内衣外观化和"无内衣"现象愈演愈热……

伴着环保的热潮，人们的消费意识、审美观念有了很大的改变，凸现在时装领域上的：一是强调新简约主义的实用性与机能性，二是所谓"贫穷主义"时装的出现。它具体的表现形式有几种：如未完成状态的半成品服装故意露着毛边儿，或强调成流苏装饰；以粗糙的线迹作为一种装饰手段，透着浓烈的原始味道；有意暴露服装的内部结构，具有后现代艺术的痕迹。这些都形成饶有趣味的设计点。又如旧物、废弃物的再利用：阿玛尼曾利用再生牛仔布制作服装，他从废弃的牛仔裤上找到灵感，把它们当作原料，捣碎至纤维状态，再梳理、织造成为新的牛仔布。原有的色彩被保留下来，染色已经成为多余的工序。靛蓝色星星点点、零零乱乱地洒在面料上，牛仔装那种随意、桀骜不驯的感觉油然而生。三宅一生在设计中采用本色面料并进行加皱做"旧"处理，缝制中用貌似粗糙的加工手段，制成类似二手货的外观式样。这种服装让人们领悟到时装与环保更深层次上的沟通。除此之外，仿皮毛及动物纹样的面料也十分流行，这显然得益于人们对"保持生态平衡"观念的认知。

20世纪90年代的时装犹如万花筒，中性风潮也是其中一朵夺目的奇葩。一些心理学家认为在当今社会，女子与男子一同参与社会竞争，在体力与智力的角逐时，一袭男装确实给女性以干练、精明的感觉。这种时装的潮流，主要是性别角色的转换所造成的，同时也包含向世俗和时代挑战的一些心理因素。人们淡化性别，追求个性的思想及男女社会角色趋同的现实，使得女装男性化已经成为司空见惯的服装现象，接踵而来的是男装女性化……

以现代高新技术为背景，以各种新的合成纤维高弹力织物（如莱卡）为素材的"前卫派"们，用富有朝气、轮廓分明的造型，加上击剑、滑雪、摩托车运动那富有速度感服装的机能性，为人们展示出尖端技术"图解式"的未来景象。尤其是世纪之交，蒂埃里·穆格勒设计的"科幻女装"（Lady Chrysler）又将人们带入一个神奇的未来时装世界。科技的发展给人们的生活带来了方便和福祉，给服装业带来更广阔的发展空间，服装正以科技改善着人类的生活。

21世纪，世界服装的演变及发展，已经进入以多元为特征的国际化时代。这些都在揭示一个道理，就是人在着装过程中总在寻求一种价值，同时又在共同的前提下去寻求差异。这是从自然的与社会的人的角度去反映现实世界中服装国际化的多元特征，或许这正是"时装"得以生生不息和愈加兴旺的根本原因。

所谓潮流，它必然具有潮水的特征，一次次地冲击着，涌起又落下；后浪推起前浪，构成服装史的江河。透过服装潮流，我们看到的也许是人类演化的轨迹，也许是政治风云的变幻，但无论从哪个角度，都不能忽视文化的影响，甚至自然科技在服装上的运用，都难以摆脱掉历史文化的制约。

三、人类思考：前进还是回归？

服装是人类创造的，它必然随着人类的进步而进步。在科技飞速发展的今天，智能服装正在引起人们的关注并展现出美好的前景。有意味的是，人们同时又在疯狂地将服装拉回到原生态，从面料、造型再到功能，几方面都寄予着人类的回归向往……人类站在十字路口，何去何从？左顾右盼，终究理不出个头绪。

我在1995年出版的百万言著作《人类服饰文化学》中，就在"服饰生理学"一章中，总结过人类的这种矛盾。一方面，现代人尽最大可能遵循古人适应生态环境的着装理念，依然认定气候条件、地理条件、物产条件与服装息息相关，另一方面又在研究调节机制，力求再创超自然。20世纪80年代末，人们已经制出并使用无纺布、变色布、香味布、保健布等新的服装面料，而且非常狂热地试制功能服装。一时间，号称保健服装、卫生服装、舒适服装、安全服装和保温、调温等服装涌现，给现代人带来阵阵惊喜。

20世纪90年代初，在法国的时装展览会上，意大利人推出了一种针织衣衫，取名"安宁衫"。据说这种衣服可以驱除疲劳，同时还能使人免受电磁波的不良影响。按摩服和磁疗鞋在当年更是吸引人，说是按摩服上橡胶颗粒会在人运动时自动按摩肌体，从而疏通血液，减轻肌肉的疲劳。世界医学界提出一种观点，认为人赤脚踩在沙滩或鹅卵石的路上能刺激神经，激发活力。这种观点在中国引起了强烈的共鸣，因为正好契合了中医的穴位原理。于是，中国鞋业根据针灸穴位，在拖鞋上的人脚底"涌泉"穴和"足跟"穴处装置上磁性金属饼，形状就像放大了的纽扣电池，并在整个拖鞋的脚板部分塑成立体颗粒，以使穴位随时受到刺激，从而起到中医说疏通经络、西医说缓解中枢神经疲劳的作用。如此过了些年，也不知道这种按摩鞋是否能够健身，反正后来渐渐被淡化了，甚至在网络普及以后，网传某某人踩石头子儿路以致肝出血了，从此这种鞋不再受追捧。当年那些半导体丝袜、活力棉系列服装层出不穷，每一种都红火了一阵。

算起来，也有一些服装保留下来并延续至今的，如发光服与反光衣，今日仍被大量应用在登山运动员、救援人员和交通警察服装上。只是，制作技术已今非昔比了。人们早就存在着激烈争论，一些人在拼命发明高科技服装，力求创自然。同时一些人认为这样离原生态越来越远，实际是在人为地创造一种伪自然。于是，环保时装应运而生，以最大限度降低对环境的污染……

时光荏苒，我在2019年又推出一部百万言著作《人类服饰文化学拓展研究》时，大家已在这一问题上进行多年探索了。我在内设服饰政治学、服饰经济学、服饰军事学、服饰考古学等十章内容的同时，专设了一章服饰科技学。因为事实已经证明，科学技术使服装发展的思维、理念以及具体操作实施等诸方面都发生了翻天覆地的变化。特别是进入21世纪以来，纳米技术、微胶囊技术、智能电子技术开始涌入服装领域，人们已不满足于近代以后发展起来的将天然可成纤的高分子溶解，制成高分子溶液，再经特定成纤工艺成型的纤维，即人造纤维，也不满足于"合成纤维"了。总之，人类不再仅限于探求可替代植物、动物和矿物等自然物质的新型物质，而是将亮点放在如何使人穿上衣服后更舒适、更健康上。

可是一些由此引发的次生灾害接踵而至，如静电频发、电子辐射以及污染自然环境等，科技在服装中的应用，实际上是一把"双刃剑"。

2013年，就在我那部《人类服饰文化学拓展研究》的书撰写8年，刚刚获批教育部后期资助项目时，我及时在2005年的八章基础上又添了两章，其中即有服饰生态学。从某种角度上说，它有些地方是与服饰科技学对立的。服装科技手段是想改变自然，而服装生态观念却想留住自然。从人类历史的漫长命运来看，一方面人们想用人的力量征服自然、驾驭自然，用中国古人的话说就是"人定胜天"；另一方面人们又觉得自然是难以完全掌控的，所以中国古人也曾提出"天人合一""天人感应"。现在的人类向大自然索取得太多了，以致受到大自然的报复。因为在真正的自然灾害面前，人类还是显得渺小。近年来人们发现那些牢固度特别高的服装材质面临无法降解的难题，那些胜过自然物质的奇妙衣服和人造宝石饰品，其生产过程就会对人类生存空间造成危害。怎么办？虽然说亡羊补牢，为时未免有些晚，但毕竟如今醒悟还是有利于生态向好发展。

那么，人类在服装材质等创造的力度上是否有所减弱呢？没有！镀银纤维、记忆金属纤维、导电纤维等新兴的织物电子材料，正在以更快的速度应用于服装上，有一种服装索性被称为"随身的和人共生服装"，由中央处理单元、生物传感器构成，直接应用了人机交互和智能传感等先进技术，能及时发现人体各种异常生物信号，并转换成机器能识别的语言。听起来好像很神秘，穿起来不免有些紧张。跑两步心率快了，衣服马上发出警告声，想起来也挺可怕的。

当然，"减阻类服装"用在运动员身上，还是有实际作用的。设计人员对服装表面的微结构加以改进，以形成对局部阻力的干扰功能。即将局部的雷诺数提升到临界雷诺数之上。雷诺数是描述湍流状态的一个常数，目前能通过提升雷诺数达到5%至10%的减阻效果，这样一来运动员的竞技成绩就不完全是本人实力的表现了。当年游泳健将迈克尔·菲尔普斯就是凭借"鲨鱼皮泳衣"打破了多项世界纪录。模仿鲨鱼皮的泳衣能以V形褶皱大大减少水流的摩擦力，减少水阻力并提高游进速度3%至7.5%。看来各国运动服中的科技含量对于运动员来说是不公平的。

主张服装科技创新的人信心满满，提倡服装回归自然的人却忧心忡忡。可是谁会想到就在这一关键时刻，元宇宙出现了。自2021年8月，就有国家批准在世界最大的数字平台之一——某公司的元宇宙平台上设立大使馆。同年10月，又有社交媒体巨头更名，从而正式进军元宇宙。实际上，业内人士认为，元宇宙就是下一代互联网。

据行家说，接下来的全球要发生几个重要改变，先是全球各地的人通过互联网的联系更加紧密，从意识形态到消费习惯、再到审美喜好，人类有可能进一步同质化。在人工智能完美滤镜的帮助下，虚拟世界的全球化将进一步加深，越来越与服装密不可分。还有行家说，这就好像地球上有一批人去了火星。想来是很神秘的，似乎比神话中的世界还不可捉摸。但是，这是现实，别管虚拟还是别的什么形式，互联网的发展，必然为我们带来一个个虚拟的真实世界。

元宇宙中的服装，可以先从服装流行的几种传统形式说起。原始社会时是从水路边向内陆传进新的服装风格，因为水路边会有船经过，带来一些外地人的形象信息。封建社会时是从宫廷传至富户，继而从首都传至各地，所谓"时世妆，时世妆，出自城中传四方"（白居易诗句）和"城中好高髻，四方高一尺。城中好广眉，四方且半额。城中好广袖，四方全匹帛"。（《后汉书·马援传》）说的就是这种流向。而城中又是从皇宫，甚至是最高统治者来的。《韩非子》中有一则寓言，说齐桓公好服紫，于是举国服紫，紫衣甚贵。齐桓公很懊恼，便听从管仲的建言，逢人便说"吾恶紫"，并不再服紫，结果当天宫中人便不再服紫，第二天城里人弃紫，第三天国内竟无人再穿紫衣了。英国乔治国王和玛丽王后也曾引起这样的效应，过程相同。

近代的时装源头已经多样，因为有了更多的传播渠道，如画报、电影乃至当代的电视。互联网时代大大推进了流行的速度并扩大了流行范围。不过，这种流行的风格已不是单一的，不会因某位名演员、某位服装设计大师的作品而引得全世界的效仿。同时，互联网时代的流行也不一定会引领多长时间，有一些转瞬即逝，如小花衣裙；有一些反复兴起，如波希米亚风格；有一些会慢慢"发酵"，如七分裤和矮腰裤。而且，多新潮的样式和穿法都不一定会打动大多数人的心，如2021年的"无下装"，它始终流行在小众中，得不到大众的认可。

那么，元宇宙中的服装流行呢？虽然目前还未形成非常成型的体验方式，但还是能从中看出一些与第一代互联网的区别。例如，当前推特上服装是平面的，某名人穿出一件什么奇特的服饰，如V字形下端到腰，可以有人效仿，可以有人指责，也许会引起流行，也许会影响穿着者的名誉。可是元宇宙却会发生时空性的变化，许多不相识的人参与议论，年龄段和职业身份都不受限制，人数会成倍增加，各方面会呈现一种多维的、立体的、叠加的状态。当然，这还是全球极少数对此感兴趣的人。

议论之后呢？会产生许多意想不到的结果，不一定和原型有因果关系。例如现在某元宇宙平台上创建出很多人物，只有上半身，倒也都活灵活现的。哪个正常已无从谈起，哪件衣服穿着方式更美，也集中不起来。每一个人只是一个虚拟模块，每一种服装风格也仿佛在云雾间。一旦流行起来，流行的样式也成为多点位的，谁也不必认识谁，谁也不必考虑谁，好多不相识的人因为某一种穿着或某一种样式所引起的所谓流行，早已看不到源头的痕迹，也不知未来走向，可能会在现实社会中火爆一时，但终究不知所云。毕竟，元宇宙的虚拟成分更重。

有人大胆推测，这些去了火星的人，最初还依赖地球，但以后会和地球上的人慢慢疏远，甚至逐渐脱离。这样的话，我们就不知道服装流行会怎样：还用设计吗？还有质材吗？全是虚拟的吗？如果我们现在认为元宇宙太过虚无和不可信，那就是我们太过迂腐了。将来，无论元宇宙是否行得通，但互联网肯定会发展下去，服装也是与人类密不可分。所以，我们不必过早紧张，也不能置若罔闻。早些年谁会相信电脑设计、虚拟试穿、手机购衣、电商满天下呢？如今我们不是正在其中吗？

只要有人类，就会有服装；只要互联网发展，就不知以后会形成怎样的服装流行渠道。我们应该积极地看待，服装流行是人类社会的必然现象，而科技的进步也是愈益加强。元宇宙？下一代互联网？想来这是一个非常有趣的问题，值得我们期待和参与。

中外服装史年表

中国服装	时间轴	外国服装

服装文化首页

蒙昧时代

关键词
岩画及彩陶中早期服饰形象、服装起源学说

内蒙古乌海市桌子山岩刻中早期服饰形象

佩尾饰与辫饰的原始人
（青海省大通县出土彩陶盆纹饰局部）

石器时代的维纳斯

法国三兄弟洞窟中岩画上的鹿角巫师

树叶草裙时代

远古时代

关键词
树叶裙、草裙

戴草冠、围树叶裙的女子
（根据屈原《九歌·山鬼》诗意描绘）

当代南太平洋岛屿上还能见到原始草裙

羽毛兽皮衣时代

旧石器时代

关键词
原始部族的兽皮衣、骨针

穿兽皮装的原始人
（根据考古资料臆想描绘）

直披兽皮的服饰形象
（作品现藏于埃及博物馆）

纺织初现时代

新石器时代

关键词
葛麻纺织品、毛纺织品、棉纺织品、蚕丝纺织品、纺轮、绢片、已出现不同的服装款式

新石器时代纺轮

绢片

215

中国服装	时间轴	外国服装

服装成形时代

原始人的项饰

周代传世玉人　　贯口衫裁制示意图

新石器时代晚期 青铜时代早期

中国服饰关键词
上衣下裳、贯口衫、深衣

外国服饰关键词
上衣下裤、整合式长衣

原南斯拉夫切哈尔斯塔特时期贯口式服装　古希腊人的大围巾式服装

古埃及胯裙逐渐走向多样　公元前600至前300年的裤装形象

服装定制时代

皇帝冕服参考图

战国时期《人物龙凤图》中的女子深衣

穿短袍的武士（摹战国采桑宴乐水陆攻战铜壶纹饰局部）

◀ 中国
夏商周时期
（约前2070—前771）
春秋战国时期
（前770—前221）

中国服饰关键词
冕服、十二章、深衣、胡服、袍

外国 ▶
古埃及时期
（前3200—前320）
古希腊时期
（前800—前146）
古罗马时期
（前753—前509年）

外国服饰关键词
围裹式长衣、等级服装

亚述人的人物服饰形象

约公元前300年至前200年的希腊饰有酒神女祭司头像的金耳环

罗马帝国开创者屋大维戎装像

216

中外服装史

中国服装	时间轴	外国服装

服装交流时代

秦代跪射俑服饰形象

西汉穿绕襟深衣的妇女

中国

秦汉时期
（前221—220）

三国至南北朝时期
（220—589）

中国服饰关键词
直裾袍、曲裾袍、绕襟深衣、杂裾垂髾服、裤褶、缚裤、裲裆、漆纱笼冠、褒衣博带、椎髻、秦兵马俑

约公元前14世纪的女神榭尔姬特像被认为穿着丝绸混纺衣服

图像资料中的查理曼大帝服饰形象

湖南长沙马王堆1号汉墓出土素纱禅衣实物

拉文纳圣·维塔尔教堂半圆室中的镶嵌壁画《查士丁尼大帝与他的随从》

戴梁冠和漆纱笼冠、穿大袖衫的男子（东晋顾恺之《洛神赋图》局部）

穿大袖宽衫的女子（东晋顾恺之《洛神赋图》局部）

外国

拜占庭时期
（395—1453）

波斯萨珊王朝时期
（224—651）

日本古坟时期
（250—592）

外国服饰关键词
拜占庭丝绸衣、整合式长衣和围裹式长衣、斗篷、波斯铠甲、日本上下分装式服装

罗马统帅奥里略雕像

波斯人与米堤亚人服饰形象

魏晋时期穿大袖宽衫、垂长带、梳丫髻、袒胸露臂的士人

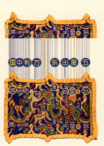

汉代"五星出东方利中国"织锦护膊

日本画家绘制的《圣德太子像》（局部）中人物的服饰形象

217

| 中国服装 | 时间轴 | 外国服装 |

服装融合时代

穿大袖纱罗衫、长裙、披帛的妇女（唐周昉《簪花仕女图》局部）

袍下摆施一横襕的唐代服饰形象（唐阎立本《步辇图》局部）

日本平安时代白描东大寺戒坛院扉绘图中的人物服饰

中国

隋代
（581—618）

唐代
（618—907）

中国服饰关键词
圆领袍衫、襦裙服、浑脱帽、明光甲、胡服、花钿、女着男装

穿男装的女子（唐张萱《虢国夫人游春图》局部）

日本奈良时代《绘因果经图卷》中唐风服饰形象

唐代仕女俑服饰形象

外国

日本飞鸟时代
（592—710）

日本奈良时代
（710—794）

日本平安时代
（794—1185）

日本江户时代
（1603—1868）

拜占庭与西欧
公元6世纪至
11世纪

北欧公元8世纪
至11世纪

外国服饰关键词
日本隋唐风格服装、拜占庭与西欧战服、紧身衣、斗篷、腿部装、骑士装、紧身纳衣

日本奈良时代仿照中国殉代贵妇服装制作的衣服

日本江户时代具有隋唐服饰风格的绘画作品

盛唐戴兜鍪、穿铠甲、佩披膊、扎臂鞲、垂甲裳与吊腿并衬战袍、蹬革靴的武士

以西域常服作为舞衣的女子

劳瑟雷皇帝在画像上的服饰形象

8至11世纪欧洲王公的服饰形象

218

中外服装史

中国服装	时间轴	外国服装

服装成熟时代

宋代戴直脚幞头、穿圆领襕衫的皇帝（南薰殿旧藏《历代帝王像》之一）

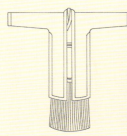

宋代着褙子的女子

宋代褙子示意图　宋代穿襦裙和大襟半臂、披帛、梳朝天髻的女子

辽髡发的男子

金代穿皮衣、戴皮帽、蹬革靴的男子　戴"顾姑冠"的元世祖皇帝后

中国

宋代
（960—1279）
辽代
（907—1125）
金代
（1115—1234）
元代
（1206—1368）

中国服饰关键词
襕衫、直角幞头、褙子、髡发、纳石失、顾姑冠

外国

欧洲中世纪宗教战争时期
（1559—1715）
哥特式风格时期
（起源于11世纪下半叶，流行于13至15世纪）
古印度时期
非洲（埃及）早期

外国服饰关键词
战时骑士装、填充式服装、哥特风格服装、犍陀罗风格服装、印度"奥尔尼"大围巾、伊朗前胸开襟式长衣、印度纱丽、西非的原生服装、南非和中非的原生服装

欧洲中世纪典型的骑士铠甲　影响到民间的填充式服装

哥特式女装

印度康迦、雅姆娜河神像显示的服饰形象　埃及二十王朝拉美西斯四世泥岩雕像显示的服饰形象

贝宁铜雕上显示的服饰形象

219

| 中国服装 | 时间轴 | 外国服装 |

服装更新时代

明代蓝暗花纱缀织仙鹤补服

作于公元 1544 年的《托莱多母子》图中显示的意大利女装

17 世纪中叶的路易十四肖像

◀ **中国**

明代
（1368—1644）

中国服饰关键词

补子、帔子、比甲、水田衣

军服中的切口装

英国伊丽莎白一世公主像

明代麒麟补子

穿衫子、戴儒巾的士人（明曾鲸《王时敏小像》）

明孝端皇后九龙九凤冠

外国 ▶

文艺复兴早期
（13 世纪）

文艺复兴盛期
（始于 1490 年代，结束于 1527 年）

美洲原住民服装——印第安人的文明时期
（15 世纪末 16 世纪初）

东南亚服装与外界沟通时期
（15 世纪至 16 世纪）

英国伊丽莎白一世（1533—1603）时期盛行的领饰

外国服饰关键词

宽松系带长衣、头饰、尖头鞋、多种领型长衣、切口式服装、皱褶服装、填充式服装、撑箍裙、墨西哥玛雅人的硕大头冠、东南亚的"可巴雅"和长衣、纱笼

穿褙子、衫、裙，披帔子的女子（明唐寅《孟蜀宫伎图》）

穿襦裙、披帛的女子（明仇英《汉宫春晓图》局部）

细腰丰臀的女服

墨西哥祭司服饰形象

印度尼西亚北苏门答腊岛上层妇女装束

中外服装史

服装风格化时代

中国

清代
（1644—1911）

中国服饰关键词
行褂、马甲、领衣、镶滚彩绣、云肩、团花、两把头

清代穿箭衣、补服，佩披领，挂朝珠，戴暖帽，蹬朝靴的官员

清代青缎刺绣喜相逢、双蝶纹八团补子

清代红缎刺绣喜相逢九团女夹袍

《闺卷读图》中清廷仕女的服饰

清宣宗孝全成皇后与幼女像（局部）

花绸云肩镶边绣花棉袄

梳两把头、戴耳饰的女子

外国

西方巴洛克风格时期
（17世纪至18世纪）

西方洛可可风格时期
（18世纪）

外国服饰关键词
巴洛克风格服装（宽檐帽、带袖斗篷、南瓜裤、缎带与花边、新式撑箍裙、轮状皱褶领、手套）、洛可可风格服装（蝴蝶结、螺旋形黑色缎带、装饰扣紧身衣、宽大皱褶丝织长袍）

17世纪贵族女性的冬季常服

17世纪末欧洲宫廷男女装

法国18世纪早期有中国花鸟、人物、假山、龙等纹样的帷幔

作于19世纪描绘路易十四时代男女典型着装的版画

有"中国风"纹样的法式长裙

洛可可风格绘画作品《蓬巴杜夫人像》

洛可可风格裙子向两旁扩展的款式

1775年的紧身胸衣和1760年的帕尼埃（女性裙撑）

221

服装完善化时代

穿中山装、戴遮阳帽的男子　　　短袄套裙服饰形象

中国

清末、民国至新中国成立
（19世纪末20世纪上半叶）

中国服饰关键词
学生装、中山装、袄裙、改良旗袍、中国民族服装定格

19世纪初期法国男子的外出服　　　19世纪欧洲女裙的立体效果

蒙古族男子服饰形象

日本和服中的高胸前结式

外国

工业革命期间
（19世纪）

外国服饰关键词
马裤、长裤、燕尾服、礼服大衣、经典"西装"、彩带饰宽檐帽、外国民族服装定格

苗族女子的牛角形服饰　　　云南地区少数民族男子的普遍服装款式

泰国女子服饰形象

白族新郎与新娘

俄罗斯尼古拉二世和皇后亚历山

中外服装史